故宫饮食手记

二〇一七·一饮一啄任逍遥

故宫出版社

卷首语

“民以食为天。”

饮食，满足了我们的胃肠，愉悦了我们的感官，还浸润了我们的文化。

考古学家张光直先生认为，“到达一个文化的核心的最好方法之一，就是通过它的肠胃”。探索我们的祖先吃什么、怎么吃，是一种回溯时光的求知，亦是对传统饮食文化的致敬。

古人创造了“饮食”一词，将“饮”置于“食”之前，是对“饮”之地位的肯定。水是生命的源泉、文化的滥觞。原始先民依水而居，开创璀璨的人类文明；历代骚客啜茗品酒，书写绚丽的诗词歌赋。“饮以养阳，食以养阴。”五谷为养，五果为助，五畜为益，五菜为充，更有水中珍鲜、枝上芳华，让人类领受自然的馈赠。当然，美食须配美器。镶金嵌玉的奢华，名窑美瓷的高贵，令肴馔愈加赏心悦目，更使人在品尝珍馐的同时体味一种饱含文化性的优雅。饮食文化的力量不可轻忽。《诗经·小雅·鱼藻之什·绵蛮》云：“饮之食之，教之诲之。”饮食与教诲，被等量置之。饮食既可滋养体魄，亦能濡化人格，“饮食致知”似也成为一种可能。诸如宴会，本质上是以饮食为媒介的社交活动。觥筹交错，名士自风流；钟鸣鼎食，帝王成霸业。

无论上一顿享用的是饕餮盛宴，还是粗茶淡饭，人总会再次感到饥饿。面对饮食，我们格外需要平常心。2017年，我们为您奉上《故宫饮食手记·二〇一七·一饮一啄任逍遥》，唯愿您从容尝尽世间百味，笑书人生逍遥风景。

对主图的解释说明

清　粉彩过枝桃枝盘

此盘内底彩绘一株桃树，
桃花盛开，桃叶翠绿。
树上结九枚桃实，
盘内六枚，盘外三枚。
桃枝旁飞舞着红色的蝙蝠，
寓意洪福齐天、福寿双全。

带有饮食元素
的主图

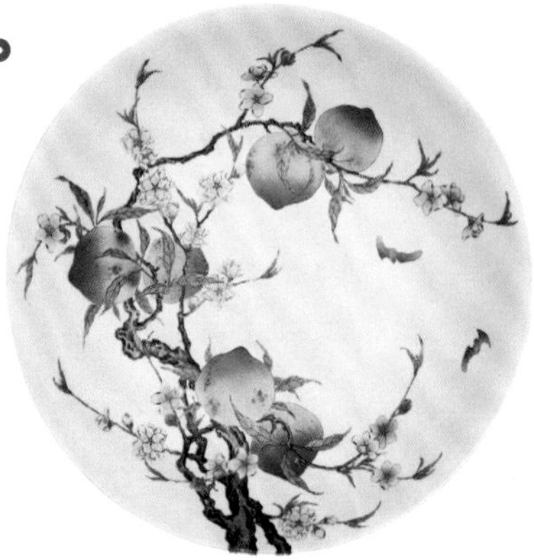

八珍

八珍，原指用八种方法烹饪的珍贵食物，后来指八种稀有而珍贵的烹饪原料，历代八珍皆有所不同。周代的八珍是指淳熬、淳母、炮豚、炮牂、捣珍、渍、熬和肝膋八种食物。元代出现了“迤北八珍”——醍醐、麆吭、野驼蹄、鹿唇、驼乳糜、天鹅炙、紫玉浆、玄玉浆。明代以龙肝、凤髓、豹胎、鲤尾、鸮炙、猩唇、熊掌、酥酪蝉为八珍。清代八珍分门别类，极为详细，有“参翅八珍”“山水八珍”等分类。

与主题相关的文化小品

公历日期

2017年9月23日

丁酉年八月初四　星期六

秋分

乾隆御笔集字

2017年9月24日

丁酉年八月初五　星期日

廿四

农历日期

星期

留白手记处

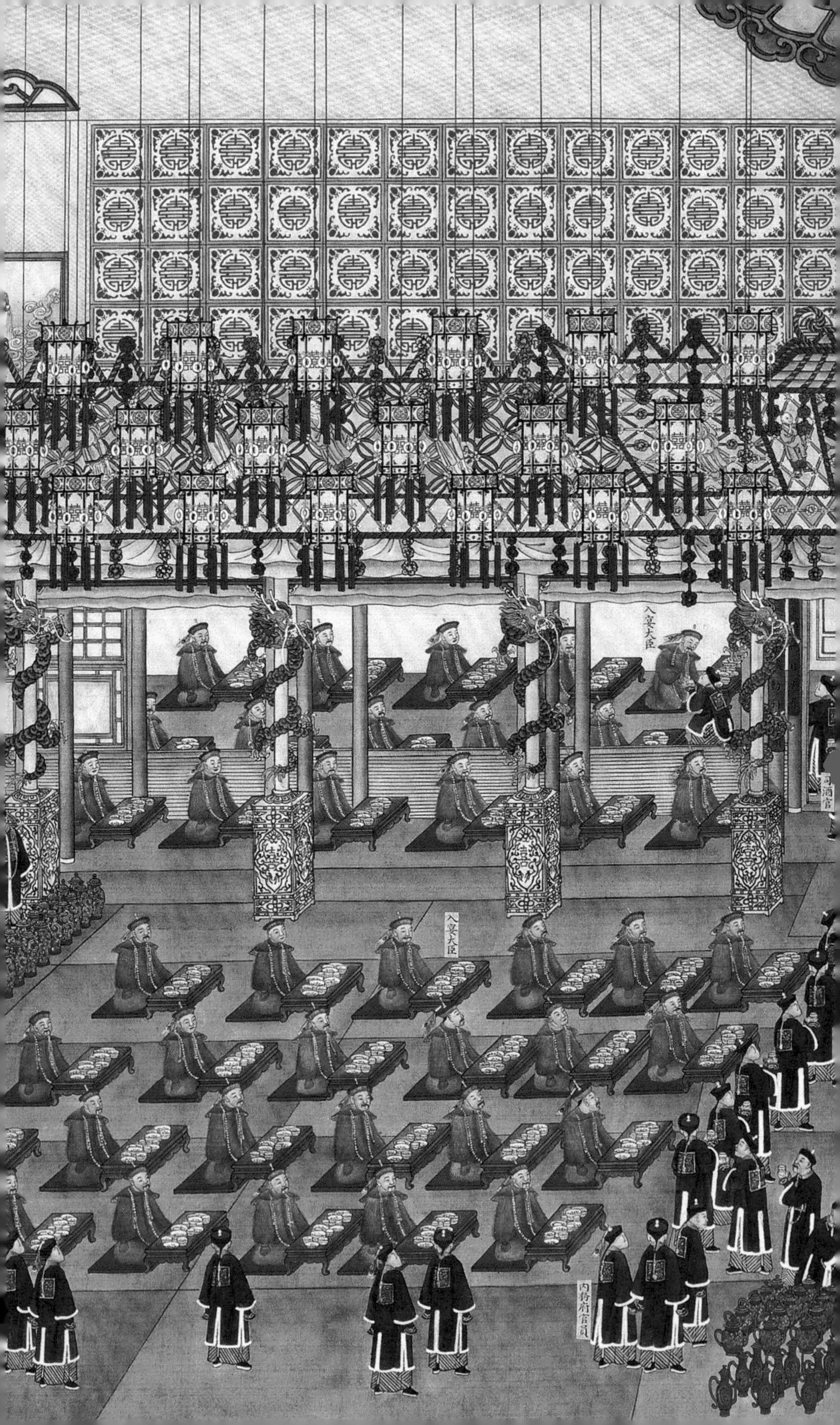
入宴大臣
司酒官
入宴大臣
内务府官员

后父
入宴大臣
入宴大臣
司酒官
内务府官员

一月

会须一饮

会须一饮，
人类的生命得以延续；
临流而歌，
生命的欢愉与哀愁尽在其中。

新石器时代　彩陶漩涡菱形几何纹双系壶

此壶为马家窑文化半山类型彩陶。
因古代文明大多临水而居，
漩涡纹常被认为是古代先民模仿水流的波纹而作。

饮先于食

中国人以“饮食”一词概称吃喝的食物、饮品之属，为何叙“饮”先于“食”呢？在古人的观念中，饮水的重要性仅次于呼吸，“人之体中，水占七成”。“若不时时饮水，渣滓填积，多则成毒。何况全身血液，亦全靠饮水调匀。”水生于天，谷成于地。天生水，地生火。“天一生水。人之先天只是一点水。……《周礼》云：‘饮以养阳，食以养阴。’水属阴，故滋阳；谷属阳，故滋阴。”从以后天补先天的观点来看，滋阳重于滋阴，故饮须先于食。

2017年1月1日

丙申年腊月初四　星期日

元旦

2017年1月2日

丙申年腊月初五　星期一

二日

清　紫檀分格式茶籯

茶籯是用来盛放茶具的箱笼。
此籯分上下两层，上层三格，下层两格。
格内屉盒及茶籯外壁上共装裱五幅宫廷画家的微幅书画。

天水

明李时珍把自然界中存在的水区分为天水与地水，并认为天水优于地水。《本草纲目》云："上则为雨、露、霜、雪，下则为海、河、泉、井。"明人高濂亦赞雨、雪、露、霜、雹为"灵水"。其养生专著《遵生八笺》云："灵，神也，天一生水而精明不淆，故上天自降之泽实灵水也。""灵者阳气胜而所散也，色浓为甘露，凝如脂，美如饴，一名膏露，一名天酒。""雪者天地之积寒"，"雪为五谷之精"。"雨者阴阳之和，天地之施。水从云下，辅时生养者也。"

2017年1月3日

丙申年腊月初六　星期二

三日

2017年1月4日

丙申年腊月初七　星期三

四日

清　邹一桂《山水图》
清《洞石花卉图》
清　钱维城《山水图》
清　徐扬《山石花卉图》

此紫檀分格式茶籯上层左侧两格有屉盒，
挡板上分别装裱于敏中小楷抄录的
《朱子试茶诗录序》
和邹一桂绘制的微型《山水图》。
下层屉盒挡板上装裱徐扬的《山石花卉图》。
外壁左侧装裱钱维城的《山水图》，
右侧装裱佚名画家的《洞石花卉图》。

茶中杂咏·茶籯

唐　皮日休

筤筹晓携去，蓦过山桑坞。
开时送紫茗，负处沾清露。
歇把傍云泉，归将挂烟树。
满此是生涯，黄金何足数。

2017年1月5日

丙申年腊月初八　星期四

小寒

2017年1月6日

丙申年腊月初九　星期五

六日

清　金农　《人物山水图》册第七开

金农，字寿门，号冬心先生，又号稽留山民、曲江外史、昔耶居士等，“扬州八怪”之一。其书法介于隶楷之间，并创“漆书”，得金石之味。其画“涉笔即古”，乍看朴拙，然其意幽远。此图为《人物山水图》册第七开——《玉川先生煎茶图》，绘卢仝在芭蕉树荫下煮泉烹茶，一赤脚婢女持吊桶在泉井汲水。

茶仙卢仝

卢仝，唐代诗人，号玉川子，“初唐四杰”卢照邻嫡系子孙。被后世奉为“茶仙”。元和八年（813），卢仝收到三百饼阳羡贡茶，品尝后他在千古茶诗《走笔谢孟谏议寄新茶》中写道：“一碗喉吻润，二碗破孤闷。三碗搜枯肠，唯有文字五千卷。四碗发轻汗，平生不平事，尽向毛孔散。五碗肌骨清，六碗通仙灵。七碗吃不得也，唯觉两腋习习清风生。”据此，后世咏茶诗中常用“玉川”“七碗”及“风生两腋”之典。

2017年1月7日

丙申年腊月初十　星期六

七日

2017年1月8日

丙申年腊月十一　星期日

八日

清　宜兴窑意斋款提梁壶

此壶方中见圆，高提梁，短弯流。
器身一侧刻隶书“小楼一夜听春雨”，
另一侧刻隶书“一片冰心在玉壶”，
署款“南林氏”。
壶底“意斋”阳文印章款，盖内有“国良”小印。

临安春雨初霁

宋　陆游

世味年来薄似纱，谁令骑马客京华？
小楼一夜听春雨，深巷明朝卖杏花。
矮纸斜行闲作草，晴窗细乳戏分茶。
素衣莫起风尘叹，犹及清明可到家。

2017年1月9日

丙申年腊月十二　星期一

九日

2017年1月10日

丙申年腊月十三　星期二

十日

清　银咖啡具

此套咖啡具由咖啡壶、奶壶、糖盅和一把方糖夹子构成。
竹节与竹叶作为造型和纹饰的主要元素，
彰显了清代宫廷对西方生活的中国式理解。

清宫中的西洋饮品

清宫对西方饮食并不抗拒，天潢贵胄们也会喝咖啡、品香槟。《清宫词·咖啡》云："龙团凤饼斗芳菲，底事春茶进御稀。才罢经筵纾宿食，机炉小火煮咖啡。"诗注："咖啡，太西茶品之一。西人恒于膳后服之。性芳温妒，健脾行气，分消食积。德宗因疾，在宫多嗜此茶。"《清宫词·西洋酒》云："迩来佳酿进西欧，品第醇浓酒库收。最怕香槟气升冽，预持金钥试金头。"诗注："近日宫中饮宴多重洋酒。香槟最佳，有金头、银头之分，气香烈，开时不慎则酒尽上冲，淋漓满地，而瓶无余滴矣。先以小锥锥瓶，以泄气。"

2017年1月11日

丙申年腊月十四　星期三

十一

2017年1月12日

丙申年腊月十五　星期四

十二

清　银龙首奶茶壶

此壶通体银质，柄及嘴皆为龙首造型，在清宫宴会上用来盛装奶茶。

戏咏山家食品

宋　陆游

牛乳抨酥瀹茗芽，蜂房分蜜渍棕花。
旧知石芥真尤物，晚得蒌蒿又一家。
疏索乡邻缘老病，团栾儿女且喧哗。
古人不下藜羹糁，斟酌龟堂已太奢。

2017年1月13日

丙申年腊月十六　星期五

十三

2017年1月14日

丙申年腊月十七　星期六

十四

清　粉彩八宝缠枝莲纹多穆壶

多穆壶是满族仿照藏民日常打酥油茶的木桶制成的容器，用来斟奶茶。此壶呈筒形，口部呈僧帽状，龙柄凤流，通体白地，装饰八吉祥纹饰及缠枝花卉纹。

醍醐

醍醐是从牛乳中提炼出的油脂。《大般涅槃经·圣行品》云："譬如从牛出乳，从乳出酪，从酪出生酥，从生酥出熟酥，从熟酥出醍醐，醍醐最上。"醍醐被当作牛乳中的精华，在佛教经典中喻指佛性。佛家以"醍醐灌顶"比喻灌输智慧，使人得到启发，彻底醒悟。此外，醍醐还可以喻指美酒。唐白居易《将归一绝》："欲去公门返野扉，预思泉竹已依依。更怜家酝迎春熟，一瓮醍醐待我归。"

2017年1月15日

丙申年腊月十八　星期日

十五

2017年1月16日

丙申年腊月十九　星期一

十六

清　瘿木奶茶碗

此碗为瘿木质地，
配有铁鋄金镂空碗套和
特制的紫檀木匣套，
是土尔扈特四等台吉晋巴
进献给乾隆帝的
贺年礼物。

札古札雅木碗

札古札雅，又作札卜札牙，藏语是桃木的意思，具有驱毒避邪的效用。自清康熙朝开始，西藏上层便向朝廷进献这种木碗以贺春禧，后逐渐成为惯例。乾隆帝御制诗《咏木碗》:“木碗来西藏，草根成树皮。或云能辟恶，藉用祝春禧。枝叶痕犹隐，琳瑯货匪奇。陡思荆歙地，二物用充饥。”他认为草根年久成木质者为瘿木，并由此联想到此前湖北和安徽遭逢旱灾，两地人民一定是以草根、树皮充饥。

2017年1月17日

丙申年腊月廿日　星期二

十七

2017年1月18日

丙申年腊月廿一　星期三

十八

商　亚醜方尊

侈口，鼓腹，方足。通体以云雷纹为地，上饰兽面纹及夔纹，
颈部、腹部及足部均有八条扉棱。肩四角饰以圆雕象首，中部有双角分叉的兽头。
内壁近口处有铭文二行九字——“亚醜者姛以大子尊彝”。

仪狄与杜康

酒的历史，可以上溯到三皇五帝时期。后世公认的造酒始祖是仪狄与杜康。《战国策》云：“昔者，帝女令仪狄作酒而美，进之禹，禹饮而甘之，遂疏仪狄，绝旨酒，曰：‘后世必有以酒亡其国者。’”仪狄酿出美酒，反而遭到疏远，成为衬托大禹明君形象的佞臣。《世本》云：“仪狄始作酒醪，变五味。少康作秫酒。”按照这种说法，仪狄酿出了江米酒，杜康酿出了高粱酒。仪狄与杜康的名字在后世成为美酒的代名词。

2017年1月19日

丙申年腊月廿二　星期四

十九

2017年1月20日

丙申年腊月廿三　星期五

大寒

明　米万钟行书七言句轴

米万钟，字仲诏，号友石，
又号海淀渔长、石隐庵居士，
与董其昌并称“南董北米”。
米万钟是北宋书法家米芾的后裔，
明人评价其“行、草得南宫家法”，
“南宫”即米芾。
此轴书：“长歌达者杯中物，
大笑前人身后名。”
既含米芾笔意，又有自家风格。
“中”“物”“大”三字以一笔连贯书就，
颇显功力。

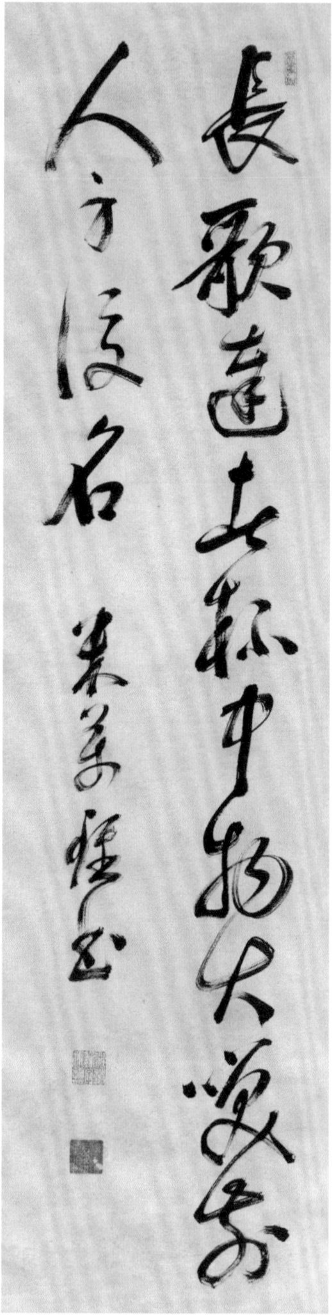

山馆酒边即事和何仙翁韵

明　叶颙

但须独酌杯中酒，何用千秋身后名。
才拙更无医国伎，家贫犹有读书声。
岩花落树香云影，庭竹迎秋伴月明。
醉坐石床横短笛，天风吹断世间情。

2017年1月21日

丙申年腊月廿四　星期六

廿一

2017年1月22日

丙申年腊月廿五　星期日

廿二

明　青花玉壶春瓶

瓶撇口，细长颈，圆腹下垂，圈足。
瓶身自上至下分别绘青花如意头纹、回纹、
卷草纹、缠枝莲纹和如意头纹，构图饱满，层次分明。
青花采用进口苏麻离青料，色泽浓丽沉稳，
具有明代早期青花瓷器的艺术特色。

青州从事

据《世说新语》，东晋桓温手下的一个主簿善于品辨酒的好坏，他称好酒为“青州从事”，劣酒为“平原督邮”。这是因为青州有个齐郡，齐与“脐”同音，喻指好酒的酒力可以直达脐部；平原郡有个鬲县，鬲与“膈”同音，喻指次酒的酒力只能到达胸腹之间。后世遂用“青州从事”指代美酒。北宋时，有人送苏轼六壶酒，不料送酒人摔倒了，将六壶酒全都洒光。苏轼写诗调侃道：“岂意青州六从事，翻成乌有一先生。”

2017年1月23日

丙申年腊月廿六　星期一

廿三

2017年1月24日

丙申年腊月廿七　星期二

廿四

清　犀角兽面纹爵式杯

此杯仿三代青铜酒器爵的造型而制。
外口沿浅浮雕夔凤纹，杯身以云雷纹为地，
上饰夔纹及兽面纹，足部饰以兽面蝉纹。

三爵之礼

周人吸取殷商灭亡的教训，发展出诸多酒席间的礼仪。三爵之礼，是要求君子适量饮酒、恪守斯文风范的酒桌礼仪。《礼记·玉藻》云："君子之饮酒也，受一爵而色洒如也。二爵而言言斯，礼已三爵而油油，以退。""洒如"为肃敬之貌，"言言"为和敬之貌，"油油"为悦敬之貌。春秋时，晋灵公欲在酒席上伏杀赵盾，赵盾的随从发现后说道："臣侍君宴，过三爵，非礼也。"以此为借口护卫赵盾离席逃走。

2017年1月25日

丙申年腊月廿八　星期三

廿五

2017年1月26日

丙申年腊月廿九　星期四

廿六

清 “金瓯永固”杯

此杯用八成金制成。
杯口边铸有篆书“金瓯永固”“乾隆年制”，
通体錾刻缠枝花卉，其上镶嵌数十颗珍珠，红、蓝宝石和粉色碧玺。

立春前二日雪中谢赐元旦宴钞时岁庚子两立春也

明 温纯

屠苏开宴旧时传，楮币承恩此日偏。六出花飞沾帝泽，满朝虎拜庆尧天。
灵台已奏春如闰，太史将书岁有年。况欲发藏怜远戍，伫看南北净烽烟。

2017年1月27日

丙申年腊月三十　星期五

除夕

2017年1月28日

丁酉年正月初一　星期六

春节

明　宋广
草书《太白酒歌》轴

宋广，字昌裔，号桐柏山人，
明洪武年间书法家，
其草书宗唐张旭、怀素。
此件诗轴书写的是唐代诗人李白
《月下独酌四首》其二——
天若不爱酒，酒星不在天。
地若不爱酒，地应无酒泉。
天地既爱酒，爱酒不愧天。
已闻清比圣，复道浊如贤。
贤圣既已饮，何必求神仙。
三杯通大道，一斗合自然。
但得醉中趣，勿为醒者传。

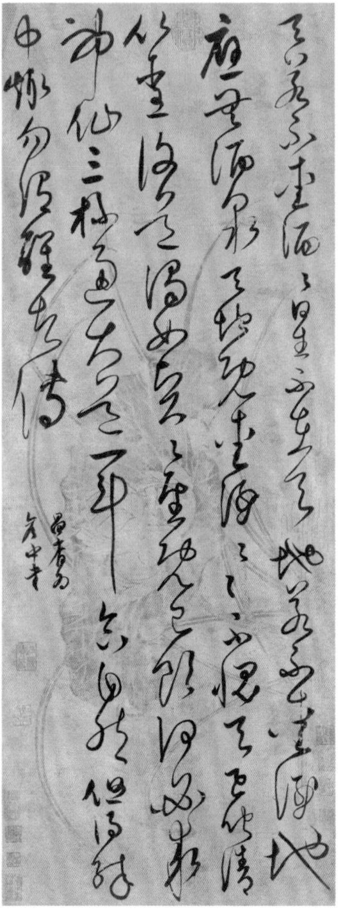

酒星与酒泉

太白诗作中提到的“酒星”和“酒泉”，出自孔融《难魏武帝禁酒书》：“天垂酒星之耀，地列酒泉之郡，人著旨酒之德。”关于酒星，《晋书·天文志》中言：“轩辕十七星，在七星北。……轩辕右角南三星曰‘酒旗’，酒官之旗也，主宴飨饮食。”酒泉，在今天的甘肃省酒泉市。酒泉郡是汉代河西四郡之一，相传“城下有金泉，泉味如酒”。但据学者考证，酒泉之名与祁连山麓小月氏部落“酋涂”（音“酒渠”）名称的音变有关。

2017年1月29日

丁酉年正月初二　星期日

廿九

2017年1月30日

丁酉年正月初三　星期一

卅日

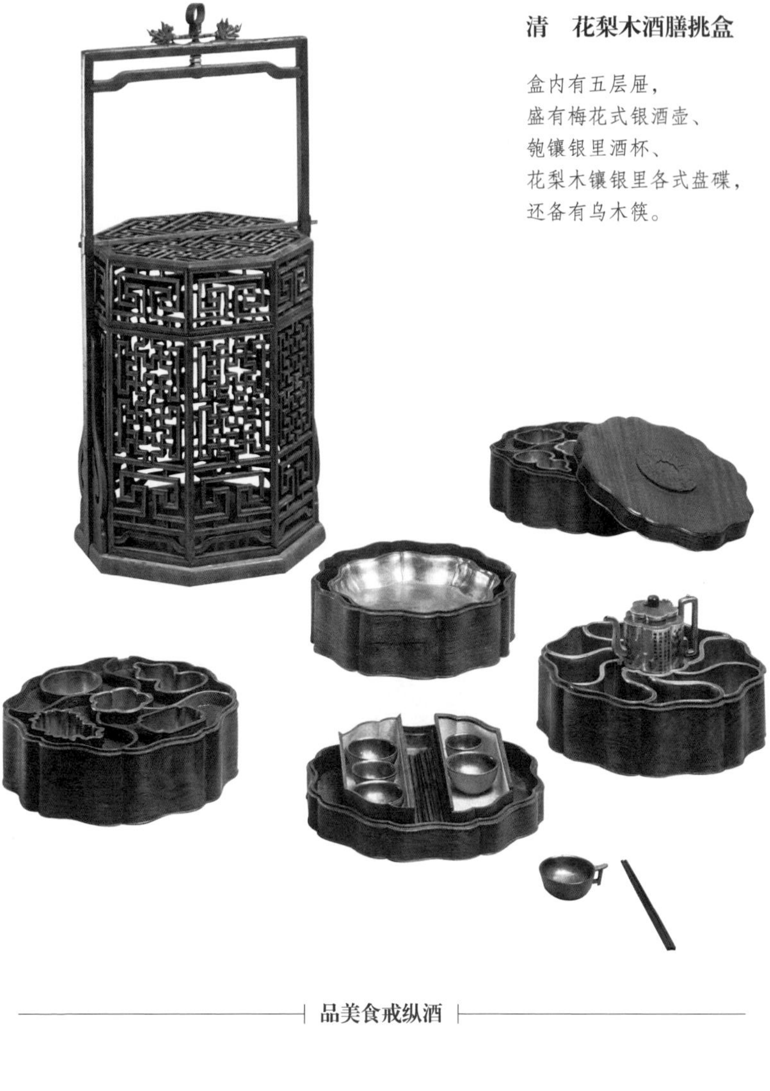

清　花梨木酒膳挑盒

盒内有五层屉，
盛有梅花式银酒壶、
匏镶银里酒杯、
花梨木镶银里各式盘碟，
还备有乌木筷。

品美食戒纵酒

清代美食家袁枚在《随园食单》中论及纵酒会使对美食的品味打折扣："事之是非，惟醒人能知之；味之美恶，亦惟醒人能知之。伊尹曰：'味之精微，口不能言也。'口且不能言，岂有呼呶酗酒之人，能知味者乎？往往见拇战之徒，啖佳菜如啖木屑，心不存焉，所谓惟酒是务，焉知其余，而治味之道扫地矣。"对此，袁枚指出应当先品尝佳肴，饱腹之后再饮酒，既不辜负美食，又可以把酒言欢。

2017年1月31日

丁酉年正月初四　星期二

卅一

二月

五谷丰登

四时康宁，风调雨顺。
五谷丰登，国泰民安。

清　红色绸绣五谷丰登纹彩帨

此件彩帨以红绸做成，上窄下宽，
由上自下依次绣万字飘带纹、
蝙蝠衔磬下悬灯笼，以及五穗稻谷和一朵灵芝，
有万福寿庆、五谷丰登之美好寓意。
彩帨系于鎏金钱币下接环上，
钱币双面点翠“万年福寿”“百子千孙”字样，
环上另有小绣件、小元宝等坠角装饰。

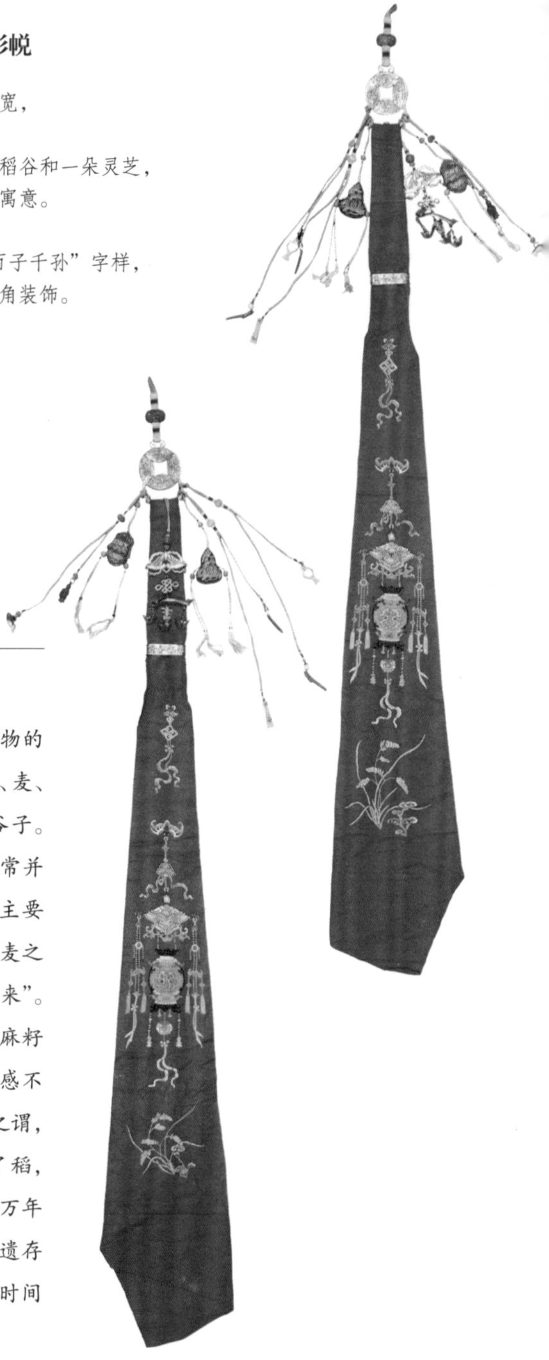

五谷

广义上，五谷是粮食作物的总称。具体而言，即指稷、黍、麦、菽、麻。稷是小米，又叫谷子。黍是黄米，又叫黍子。古人常并称“黍稷”，二者皆是当时主要的主食作物。麦有大麦和小麦之分，大麦称“麰”，小麦称“来”。菽，即大豆，亦泛指豆类。麻籽是贫民用来果腹的作物，口感不佳。在周代，已有“六谷”之谓，这是在“五谷”之外加入了稻，据考古发现，中国人已有上万年的食稻历史，只是这些考古遗存大多在南方，稻传入中原的时间略晚。

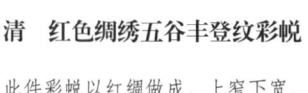

2017年2月1日

丁酉年正月初五　星期三

一日

2017年2月2日

丁酉年正月初六　星期四

二日

社稷坛五色土

北京中山公园内保留着明代所建的社稷坛。
最上层 15.8 米见方，铺有五种颜色的土壤——
东方为青色，南方为红色，西方为白色，北方为黑色，中央为黄色。
“普天之下，莫非王土”，五色土象征着中华大地尽在皇帝治下。

籍田礼与祈社稷

《诗经·周颂·闵予小子之什·载芟》小序：“《载芟》，春籍田而祈社稷也。”郑玄笺：“籍田，甸师氏所掌，王载耒耜所耕之田，天子千亩，诸侯百亩。籍之言借也，借民力治之，故谓之籍田。”每逢春耕前，由天子、诸侯执耒耜在籍田上三推或一拔，称为“籍礼”，以示对农业的重视。社，指土神；稷，指谷神。二者掌控着国家民生之本——农业，后渐成为国家的代称。

2017年2月3日

丁酉年正月初七　星期五

立春

2017年2月4日

丁酉年正月初八　星期六

四日

清　黄玉谷纹活心连环璧

此件玉璧是仿古玉器，下有木托，用于室内陈设。
玉质淡黄色，微泛绿色，带有褐色玉皮。
璧为圆形，两面饰凸起的谷纹，璧外一侧镂雕夔龙式环，
一方形箍将两璧之环套接，箍两面饰兽面纹，两侧饰云纹。

满洲饽饽萨其马

《燕京岁时记》云："萨齐马乃满洲饽饽，以冰糖、奶油合白面为之，形如糯米，用不灰木烘炉烤熟，遂成方块，甜腻可食。"据启功先生解释，"萨其马"是满语，释为"狗奶子糖蘸"。萨其马用鸡蛋、油脂和面，细切后油炸，再用饴糖、蜂蜜搅拌沁透，故曰"糖蘸"。王世襄先生对"狗奶子"之说颇为怀疑，指出："如果真是狗奶，需养多少条狗才够用？"后经考证方知，原来东北有一种野生浆果，以形似狗奶子得名，最初即用它作萨其马的果料。入关以后，逐渐被葡萄干、山楂糕、青梅、瓜子仁等所取代，而狗奶子也鲜为人知了。

2017年2月5日

丁酉年正月初九　星期日

五日

2017年2月6日

丁酉年正月初十　星期一

六日

清　青玉嘉禾鹌鹑

圆雕两只相依偎的鹌鹑，口衔嘉禾，相互对望。
此件玉雕为青玉质，
其中微微泛黄的部分恰在鹌鹑的背部、头部和谷穗处，处理得极为自然。
稻穗和鹌鹑，共同构成岁岁平安的美好寓意，是清宫常见的装饰题材。

饺子

过年吃饺子，一是取其谐音，“更岁交子”，辞旧迎新；二是因其形似元宝，寓意招财进宝。据《酌中志》，明宫中称饺子为“扁食”。每逢正月初一，“饮椒柏酒，吃水点心，即扁食也。或暗包银钱一二于内，得之者以卜一年之吉”。清代称饺子为“饽饽”，正月初一“无论贫富贵贱，皆以白面作角（饺）而食之，谓之煮饽饽，举国皆然，无不同也”。

2017年2月7日

丁酉年正月十一　星期二

七日

2017年2月8日

丁酉年正月十二　星期三

八日

南宋　马和之　《豳风图》卷（局部）

马和之，南宋高宗御前十位画家之首，
其人物画师法吴道子，时人称其为“小吴生”。
此图以《诗经·豳风·七月》为题材，绘采桑、耕地、宴饮等场面。
画人物和树石用柳叶描，是马和之画作的独特风格。

食货

《尚书·洪范》:“八政:一曰食，二曰货。”孙星衍疏:“《汉书·食货志》云:‘《洪范》八政，一曰食，二曰货。’食谓农殖嘉谷可食之物；货谓布帛可衣，及金刀龟贝所以分财布利通有无者也。二者,生民之本。”中国古代用“食货”二字指代国家财政经济。“食”指农业生产，“货”指农家副业布帛的生产及货币流通。历代史书多将经济史列入《食货志》中。

2017年2月9日

丁酉年正月十三　星期四

九日

2017年2月10日

丁酉年正月十四　星期五

十日

明　五彩五谷丰登盘

盘心绘一个挂满灯笼的灯笼架，
架下有一小童捧灯，另一小童牵着一象，驮着一位老者。
盘沿装饰八朵四色缠枝莲花。
“风灯”与“丰登”同音，寓意五谷丰登。

元宵

元宵节吃元宵这一风俗，始自宋代。元宵又被称作圆子、元子、团子、汤团、水团等，《武林旧事》中就有关于应节日而做“乳糖圆子”“澄沙团子”的记载。宋人周必大还曾专门作诗歌咏“浮元子”：“今夕是何夕，团圆事事同。汤官寻旧味。灶婢诧新功。星灿乌云里，珠浮浊水中。岁时编杂咏，附此说家风。”明刘若愚的《酌中志》记载了元宵的做法：“其制法，用糯米细面，内用核桃仁、白糖、玫瑰为馅，洒水滚成，如核桃大，即江南所称汤圆也。”

2017年2月11日

丁酉年正月十五　星期六

元宵

2017年2月12日

丁酉年正月十六　星期日

十二

清 《胤禛耕织图》之“一耘”

此图中绘时为雍亲王的胤禛向农夫学习农耕的场景。
胤禛皮肤白皙，高挽裤腿立在水田中，
十分虚心地向一位须发皆白的老者求教。

胤禛耕织图

“耕织图”是中国古代重要的绘画题材。以此为题的最早绢本画，为南宋楼琇所绘。康熙三十五年（1696），宫廷画家焦秉贞绘有白描本《耕织图》一套，康熙帝为其配诗。《胤禛耕织图》是效仿康熙《耕织图》而作，共52开（有6张衍图），前23开为耕图，第24至46开为织图，46开图上皆有胤禛亲笔题诗，表达了对田园生活的喜爱，并钤印“雍亲王宝”“破尘居士”。图中的主人公为扮作农夫和织妇的胤禛夫妇，身处“储位斗争”之中的胤禛似借此图向父亲、兄弟表明自己向往田园生活、毫无政治野心的态度。

2017年2月13日

丁酉年正月十七　星期一

十三

2017年2月14日

丁酉年正月十八　星期二

十四

商　乳钉三耳簋

簋是商周时期盛主食的器具，约相当于现在的饭碗。
此簋侈口、深腹、高圈足。
器身表面以回字纹作地，饰以斜格乳钉纹和兽面纹。
三个兽形耳均衡地分布在口沿下部。

列鼎与列簋

据考古发现推断，迟至西周昭王时期，食礼中已确立了“列鼎”“列簋”制度——不同等级的人在各种礼仪活动中使用的鼎、簋数量及相关礼器须与其社会等级相当，通常取奇数个形制相若、大小相次的鼎，配以偶数个形制相若的簋。通常，天子九鼎配八簋，诸侯七鼎配六簋，卿大夫五鼎配四簋，元士三鼎配二簋，平民和奴隶则无权使用鼎，严格的数量等差不许僭越。

2017年2月15日

丁酉年正月十九　星期三

十五

2017年2月16日

丁酉年正月廿日　星期四

十六

清　爱新觉罗·弘历 《麦色》诗轴

乾隆帝书法宗法赵孟頫，结体匀称，圆润秀发。
此轴是他自书御制诗《麦色》——
过河逢麦色，寒暖北南殊。
因忆尤教喜，入诗兼可图。
未成风摆浪，已自露贯珠。
赖此青黄接，绝胜看绿芜。

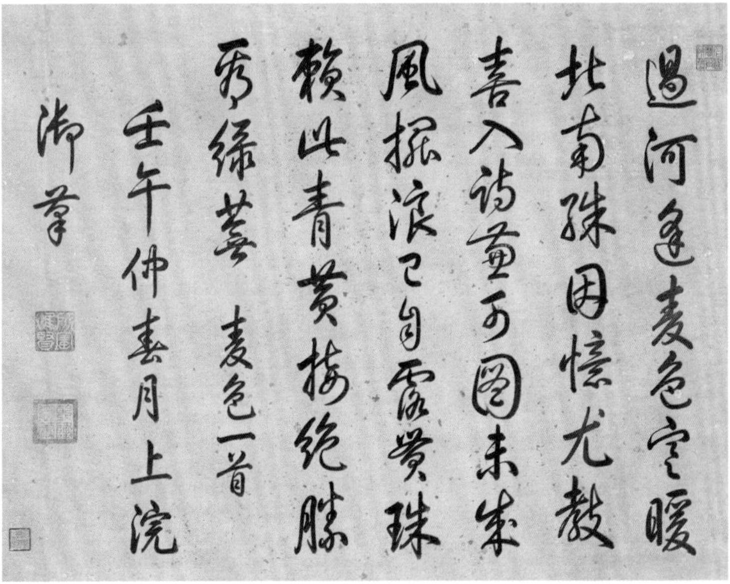

乾隆帝治水

乾隆二十七年（1762）二月，乾隆皇帝第三次南巡至淮安视察河工，完成了一项功在当代、利在千秋的治河壮举——定勘“清口水志”，大大降低了地处黄河、淮河、大运河三河交汇处的苏北平原遭受水灾的风险。此后“下河每岁大稔，十余年来，高（邮）宝（应）遂无水患”。视察之余，乾隆帝被苏北粮产区的农景深深地吸引住了，其《麦色》一诗即是当时的应景之作。

2017年2月17日

丁酉年正月廿一　星期五

十七

2017年2月18日

丁酉年正月廿二　星期六

雨水

明　倪元璐
《题桃源图诗》轴

倪元璐，字玉汝，号鸿宝，
能诗文，工书画。
此轴所书是一首题画七绝诗——
天上元灵曲奏来，
何因人世奖仙才。
正如渡口溪风便，
流出胡麻饭一杯。

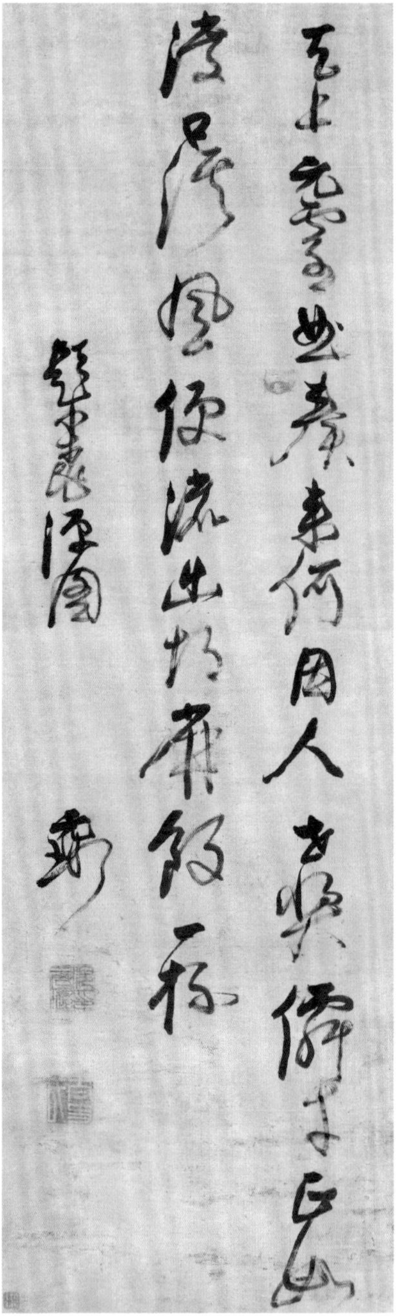

仙家胡麻饭

胡麻，即芝麻。相传张骞得其种于西域，故名。《抱朴子》中说胡麻可以“耐风湿、补衰老”。据《幽明录》，刘晨、阮肇在天台山中“持杯取水，欲盥漱，见芜菁叶从山腹流出，甚鲜新；复一杯流出，有胡麻饭糁”。二人溯溪而上，遇到两个仙女。仙女以胡麻饭、肉脯招待他们。后世遂以胡麻饭当作仙家待客之食。

2017年2月19日

丁酉年正月廿三　星期日

十九

2017年2月20日

丁酉年正月廿四　星期一

廿日

明　沈士充

《山楼观稼图》轴

沈士充，字子居，
其画师法宋懋晋，
是明代云间派代表人物，
董其昌的主要代笔人之一。
此图绘春日田园风光。
左上角有沈士充的自题诗——
松阴落落曲江南，
柳色森森绿映堤。
车马不喧尘自净，
小楼长日听莺啼。

渔樵耕读

渔樵耕读是中国古代农耕社会的四业，代表了老百姓的基本生活方式和价值取向，亦是文人心中隐逸生活的象征。通常，“渔”的代表人物是东汉严光。他是汉光武帝刘秀的同窗，多次拒绝刘秀延请，隐于浙江桐庐，垂钓终老。“樵”的代表人物是汉武帝时的大臣朱买臣。他出身贫寒，早年靠卖薪度日，其妻无法忍受贫困而改嫁他人。“耕”讲的是“舜耕历山”的典故。舜在历山教民众耕种，率先垂范。“读”的代表人物是战国时的纵横家苏秦。他悬梁刺股，发奋读书，终佩六国相印。

2017年2月21日

丁酉年正月廿五　星期二

廿一

2017年2月22日

丁酉年正月廿六　星期三

廿二

明　钟礼　《豆荚螳螂图》页

钟礼，字钦礼，号南越山人，尤擅画云山、草虫。
此图采用没骨画法，描绘一只螳螂立在豆荚枝上，饱含生趣。

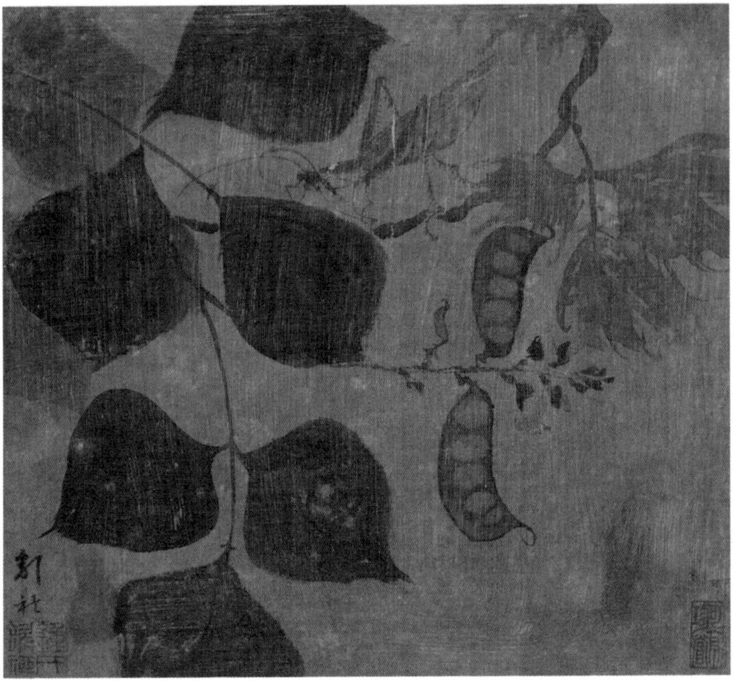

反七步诗

“煮豆燃豆萁，豆在釜中泣。本是同根生，相煎何太急。”曹植的《七步诗》可谓千古传诵，以豆萁隐喻曹丕不顾手足之情。然而，易位而思，成为佳肴的豆和化作灰烬的豆萁，哪个更值得同情与赞扬呢？为了替刘和珍、许广平等进步学生伸冤，鲁迅曾写下《替豆萁伸冤》：“煮豆燃豆萁，萁在釜下泣。我烬你熟了，正好办教席！”抗日相持阶段，为了呼唤牺牲精神，郭沫若写下《反七步诗》：“煮豆燃豆萁，豆熟萁已灰。熟者席上珍，灰作田中肥。不为同根生，缘何甘自毁？”

2017年2月23日

丁酉年正月廿七　星期四

廿三

2017年2月24日

丁酉年正月廿八　星期五

廿四

东汉　绿釉刻划弦纹熊足陶仓

此陶仓为随葬冥器，常与灶、井、炉等配套使用。
通体施绿釉。顶部呈伞状，均匀分布20条放射状凸线纹，
其间用波线示意出叠压的瓦纹。
圆桶身，饰三组凸弦纹。器下承以三熊形足。

古代的粮食储备

由于农耕文明“靠天吃饭”的现实，中国古代先民特别注重粮食储备，以备凶荒之年。在周代，已出现专门管理粮食的官员。《周礼》云：“仓人，掌粟入之藏。……以待邦用。……有余，则藏之，以待凶而颁之。”“廪人，掌九谷之数……以治年之凶丰。”只有粮足食丰，社会才能发展。《管子》云：“仓廪实则知礼节，衣食足则知荣辱。”

2017年2月25日

丁酉年正月廿九　星期六

廿五

2017年2月26日

丁酉年二月初一　星期日

廿六

清　华冠《余世苓菽水图》轴

华冠，原名庆冠，字庆吉，
号吉崖、希逸，颇擅人物写真。
此图绘其友余世苓在严寒中赶路。
他衣衫单薄，肩负一袋菽，手提一桶水。
“菽水”典出孔子之语：
“啜菽饮水，尽其欢，斯之谓孝。”
饿食豆羹，渴饮清水，言生活清苦。
后世亦用“菽水”指代供养父母的孝行。

秋夕二首（其二）

宋　朱熹

公门了无事，吏散终日闲。
凉叶何萧萧，悲吟庭树间。
琴书写尘虑，菽水怡亲颜。
忆在中林日，秋来长掩关。

2017年2月27日

丁酉年二月初二　星期一

廿七

2017年2月28日

丁酉年二月初三　星期二

廿八

二月 烹宰为乐

烹羊宰牛且为乐，
会须一饮三百杯！

商　或鼎

鼎是用来炊煮、盛装肉食的器具，
经常用于祭祀，是权力的象征。
此鼎颈、腹各有六条凸棱，颈饰目纹，腹饰兽面纹，足饰蕉叶纹。
内壁“或”字铭文，应为器主人的族徽。

饕餮

饮食有节制是一种美德。暴饮暴食则是贪婪的表征，是一种与世俗伦理相背离的行为。《左传》云：“缙云氏有不才子，贪于饮食，冒于货贿。侵欲崇侈，不可盈厌；聚敛积实，不知纪极。不分孤寡，不恤穷匮，天下之民以比三凶，谓之饕餮。”杜预注：“贪财为饕，贪食为餮。”《吕氏春秋》云：“周鼎著饕餮，有首无身，食人未咽，害及其身。”周鼎上装饰饕餮纹，具有训诫作用。

2017年3月1日

丁酉年二月初四　星期三

一日

2017年3月2日

丁酉年二月初五　星期四

二日

春秋　嵌红铜狩猎纹豆

豆是用来盛装肉酱等濡物的食器。
此豆腹饰嵌红铜狩猎纹，足饰鸟兽纹。

脍炙

脍，是把肉切成细丝或薄片。《论语》中即有“食不厌精，脍不厌细”之语。脍对刀工要求极高，其对象还可以是鱼肉。《诗经·小雅·南有嘉鱼之什·六月》中“炮鳖脍鲤”之句，或可视为食用生鱼片之开端。炙，就是烤肉，是源自史前的风味。孟子曾说脍炙是人人皆爱的美味，于是“脍炙人口”成为比喻好的诗文或事物为众所称的成语。

2017年3月3日

丁酉年二月初六　星期五

三日

2017年3月4日

丁酉年二月初七　星期六

四日

唐　韩滉　《五牛图》（局部）

韩滉，字太冲，长安人。书画皆精，尤擅乡村风物，笔下动物都十分传神。
《五牛图》是现存最早的纸本画，
绘五头形象、神态各不相同的牛，后世有“神气磊落，稀世名笔”之赞。
此图是五头牛中唯一一头穿有鼻环的，神情严肃，缓步向前。

牛心炙

牛心炙就是烤牛心，在晋代是一道名贵菜品。据《晋书》，王羲之年少尚未出名时，名士周顗就很欣赏他。在一次宴会上，牛心炙被端上来后，众人尚未品尝，周顗就先切下来一块给王羲之吃，王羲之也因此名动世家。另据《世说新语》，晋武帝的舅舅王恺有一头心爱的牛，叫“八百里駮”。一次，他和王济比射，把牛输给了王济。王济命人取心炙之，只吃了一小块就作罢，足见东晋豪门之奢侈生活。

2017年3月5日

丁酉年二月初八　星期日

惊蛰

2017年3月6日

丁酉年二月初九　星期一

六日

清　任熊　《姚燮诗意图》册第一册第六开

任熊，字谓长，一字湘浦，号不舍，“海派”艺术的代表人物之一。
这套图册是任熊在友人姚燮家里居住时为其所画。
此图以“平冈乱木群羊宅”之句入画，
绘一群羊在山间旷地休憩玩耍的情景。

羊与献祭

中西皆有以羊作为祭品的风俗。《圣经·旧约》中羊代替以撒成为耶和华的祭品，于是后世有了“替罪羊”的说法。中国古代最隆重的祭礼须用“太牢”，即牛、羊、猪。仅羊和猪的组合，称为“少牢”。孔子的门徒子贡曾提出去掉每月初一日告祭祖庙用的活羊，遭到了孔子的反对：“尔爱其羊，我爱其礼。”

2017年3月7日

七日

丁酉年二月初十　星期二

2017年3月8日

八日

丁酉年二月十一　星期三

东汉　陶猪

中国自古便有“事死如事生”的观念，
汉墓中常有大量陶猪、陶狗等随葬。
此件陶猪膘肥体壮，四肢粗短，神态慵懒。

宗泽与金华火腿

按照区域划分，中国的火腿有北腿、南腿和云腿三种，南腿即金华火腿。《本草纲目拾遗》云：“兰熏，俗名火腿，出金华，六属皆有，唯有东阳、浦江者更佳，有冬腿、春腿之分，前腿、后腿之别。”金华当地将南宋抗金名将宗泽奉为始创火腿的鼻祖。相传，宗泽为了让军中将士吃到腌藏的猪肉，和当地人一起发明了火腿。如此算来，金华火腿已有800多年的历史了。

2017年3月9日

丁酉年二月十二　星期四

九日

2017年3月10日

丁酉年二月十三　星期五

十日

清　银“甲子万年”字元宝式火锅

此火锅呈元宝形，内置一屉，
盖上錾刻“甲子万年”四字，钮为元宝式。
火锅支架的四足为如意形状，四如意头上分别刻“吉”“祥”“如”“意”字样。

生火锅与熟火锅

所谓生火锅，其实就是涮肉。据《清稗类钞》记载，“京师冬日，酒家沽饮，案辄有一小釜，沃汤其中，炽火于下，盘置鸡、鱼、羊、豕之肉片，俾客自投之，俟熟而食，故曰‘生火锅’”。熟火锅则类似于今天的干锅或者炖菜，菜品烹制好后放在锅里，点火只是为了保温。如清宫御膳中的燕窝苹果酒炖鸭子热锅，就是一种熟火锅。

2017年3月11日

十一

丁酉年二月十四　星期六

2017年3月12日

十二

丁酉年二月十五　星期日

清　画珐琅花卉纹寿字卤壶

卤壶是盛装卤汁的容器。此壶为铜胎，通体施黑色珐琅釉地，上饰莲花、菊花等吉祥花卉，花蕊处各托一团寿字，花间装饰飞舞的红色蝙蝠，寓意洪福长寿。

和羹

和羹是指调和五味烹煮出来的肉汤。《诗经·商颂·烈祖》云："亦有和羹，既戒既平。鬷（总）假（大）无言，时靡有争。"郑玄笺："和羹者，五味调，腥熟得节，食之于人性安和，喻诸侯有和顺之德也，我既裸献，神灵来至，亦复由有和顺之诸侯来助祭也。其在庙中，既恭肃敬戒矣，既齐立平列矣，至于设荐进俎（即上祭品），又总升堂而齐一，皆服其职，劝其事，寂然无言语者，无争讼者。"和羹既可用来比拟诸侯之间的和谐，又可喻指大臣辅助君主综理国政。唐钱起《陪郭令公东亭宴集》诗："不愁欢乐尽，积庆在和羹。"

2017年3月13日

丁酉年二月十六　星期一

十三

2017年3月14日

丁酉年二月十七　星期二

十四

清　郎世宁　《乾隆射猎聚餐图像》轴（局部）

郎世宁，意大利人，原名朱塞佩·伽斯底里奥内，清康雍乾三朝宫廷画家。此图绘围猎结束后，乾隆帝坐在明黄色宝帐前等待享受战利品的情景，对侍从们扒皮切肉、煮汤、烧烤的细节描绘得格外清晰、生动。

话说烧烤

《礼记·礼运》云："昔者先王……未有火化，食草木之实，鸟兽之肉，饮其血，茹其毛……后圣有作，然后修火之利……以炮，以燔，以亨（烹），以炙。"炮，是连皮带毛、裹上泥巴放在火中烤熟。炙是用棍子把生肉穿叉起来在火上烧烤。燔，是对炮、炙两种方法的结合，即把包裹起来的肉架起来烤。至于烹，应是"加于烧石之上而食之"的方法。

2017年3月15日

丁酉年二月十八　星期三

十五

2017年3月16日

丁酉年二月十九　星期四

十六

东汉　渔猎博局纹镜

此铜镜圆钮，四叶纹钮座，外为方形框，四角各有一乳。
方框外的空间，被四组 T、L、V 形符号（博局纹）整齐地区隔为四个空间，
其中分别为射虎图——一人跪射猛虎，虎额已中箭；
月宫图——嫦娥踞坐，玉兔捣药，桂树枝叶伸展；
捕鱼图——渔夫已捕获三条鱼；
射鸿图——狩猎者射中三只鸟。

束脩

脩是加姜桂做成的长条形肉干。一根脩称为一脡，十脡束扎在一起为一束脩。束脩在先秦属于微薄之礼。孔子曾说："自行束脩以上，吾未尝无诲焉。"意即只要给我束脩那么点的见面礼，我就会教诲他。后世遂以束脩指代学生致送教师的酬金。

2017年3月17日

丁酉年二月廿日　星期五

十七

2017年3月18日

丁酉年二月廿一　星期六

十八

清　恽寿平　《山水花卉图》册第一开

恽寿平，原名格，字寿平，
后以字行，改字正叔，号南田、白云外史、东园生等，
与“四王”、吴历并称“清六家”。
此图为临仿沈周画作而绘，
其上有乾隆帝御制诗一首——
新水平沙嫩草青，鹅群分队伴兰亭。
山阴道士甫相赠，应是书完《道德经》。

浑羊殁忽

浑羊殁忽是隋唐时期的一道宫廷大菜。“浑”为整只之意，“殁忽”是宴席的名称。顾名思义，浑羊殁忽应指“全羊席”。但皇帝食用这道菜时，吃的却不是羊肉，而是鹅肉。制作这道菜时，先按用膳的人数宰杀子鹅，烫去鹅毛，掏出内脏，将猪肉和糯米饭调味、拌匀，装入鹅腔内。再杀一只羊，剥皮，去内脏，把填好的子鹅装入羊腹，用线缝合，再用火烧烤。熟后皇帝仅取子鹅食之，其余则赏给后妃、大臣等。

2017年3月19日

丁酉年二月廿二　星期日

十九

2017年3月20日

丁酉年二月廿三　星期一

春分

唐　玉镂雕鸭形坠

此坠为白玉质，圆雕一只正在啄理羽毛的鸭子。以平行短阴线纹饰羽翅，雕刻简洁、细致。

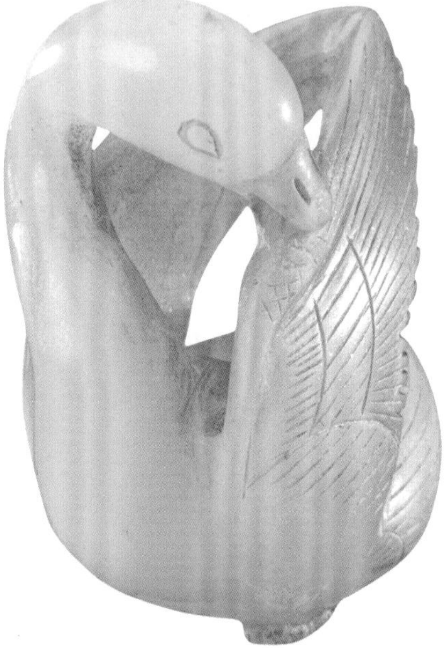

北京烤鸭

在中国，食用烤鸭可谓渊源有自。早在唐人笔记小说中，便有鹅、鸭置铁笼中用火烧，饮以椒浆，毛脱肉熟的记载。至宋代，烤鸭已成为一种寻常吃食。南宋孟元老《东京梦华录》和吴自牧《梦粱录》中，都有“爊炕鹅鸭”“炙鸡鸭”的记载。元以后，烤鸭成为皇帝御膳之一。老便宜坊饭庄，是北京最早的焖炉烤鸭店。还有一种挂炉明火烤鸭，以全聚德最为著名。

2017年3月21日

丁酉年二月廿四　星期二

廿一

2017年3月22日

丁酉年二月廿五　星期三

廿二

明　周之冕　《竹鸡图》轴

此图绘一只公鸡在竹林间的
草坡上蓄势待发，
准备扑啄猎物的场景。
画面逼真写实、极富张力，
情态生动，活灵活现。

清宫的吉祥菜名

在宫廷御膳中，常用一些吉祥语来命名菜肴，以讨皇帝的喜欢，这在清宫御膳中表现得尤为突出。比较常见的菜名有：燕窝“万”字金银鸭子、燕窝“年”字三鲜肥鸡、燕窝“如”字锅烧鸭子、燕窝“意”字什锦鸡丝四品菜，合起来就是“万年如意”。以此类推，还有洪福万年、江山万代、万寿无疆等四品菜。在四品菜周围还摆放五福捧寿桃、寿意白糖糕、寿意苜蓿糕等。

2017年3月23日

丁酉年二月廿六　星期四

廿三

2017年3月24日

丁酉年二月廿七　星期五

廿四

明 《明宣宗射猎图》轴

明宣宗朱瞻基自幼擅射，是一位文武兼备的皇帝。
此图绘宣宗猎获一鹿后，回首张望另一只在草地上奔逃的梅花鹿。
画面色彩鲜明、动态十足，彰显着宣宗的高超射技和神勇之姿。

鹿鸣宴

鹿鸣宴是古代地方官祝贺考中贡生或举人的“乡饮酒”宴会，起于唐，终于清。《新唐书·选举志》云:“每岁仲冬……试已，长吏以乡饮酒礼，会属僚，设宾主，陈俎豆，备管弦，牲用少牢，歌《鹿鸣》之诗。”《诗经·小雅·鹿鸣》三章，每章句首分别为“呦呦鹿鸣，食野之苹”，“呦呦鹿鸣，食野之蒿”，“呦呦鹿鸣，食野之芩”。鹿发现了美食，呼唤同类来食。不忘其类是一种美德，地方官员宴请新科举子亦是不忘其类的一种体现。

2017年3月25日

丁酉年二月廿八　星期六

廿五

2017年3月26日

丁酉年二月廿九　星期日

廿六

清 《弘历一发双鹿图》

此图绘 77 岁高龄的乾隆帝在避暑山庄一发箭而射中雌雄双鹿的情景。

上有乾隆御制诗一首，以及皇子永瑆、永琰，大臣和珅、王杰、董诰的和诗。

食鹿肉谢正仲见馈

宋 舒岳祥

山寺曾闻叫，悲哉失侣音。
能鸣终召祸，善走竟成禽。
设罟须新雨，寻踪恋旧林。
衰年资血味，生杀亦何心。

2017年3月27日

丁酉年二月卅日　星期一

廿七

2017年3月28日

丁酉年三月初一　星期二

廿八

清　郎世宁等绘 《弘历殪熊图》轴

此图绘30余岁的乾隆帝在田野里与黑熊相遇的场景。
乾隆帝端坐于马上，神态从容；
黑熊则畏缩在树后，反衬出乾隆帝勇武过人的帝王威严。

熊掌

熊掌又名熊蹯，在中国古代饮食观念里被视作“八珍”之一。熊掌很难在短时间内烹饪成功，古代厨师未掌握其发制和慢煮的原理，经常辜负了这一珍贵的食材，从而招致杀身之祸。暴虐昏庸的商纣王和晋灵公皆曾因“熊蹯不熟”而处死厨师。因为熊掌难熟，春秋时期的楚成王在遭遇逼宫时还恳求吃了熊掌再死，就是想拖延时间等待援兵。当然，时至今日，熊被列为国家保护动物，食用熊掌已成为舌尖上的残忍与犯罪。

2017年3月29日

丁酉年三月初二　星期三

廿九

2017年3月30日

丁酉年三月初三　星期四

卅日

清　华嵒

《海棠禽兔图》轴

华嵒，字德嵩，号新罗山人、布衣生、离垢居士等，老年以“飘篷者”自喻。其诗书画三绝，是扬州画派的代表人物。此图是其晚年代表作，熟练地将工笔与写意相结合，鹦鹉与黑兔一上一下，相互对望，意态生动传神。

拨霞供

宋人林洪在《山家清供》中详细地记载了一种兔肉火锅，名曰“拨霞供”。须将兔肉切成薄片，用酒、酱、椒、桂做调味汁，“候汤响一杯后 ，各分以箸，令自筴入汤摆熟，啖之，乃随宜各以汁供”。林洪作诗云：“浪涌晴江雪，风翻照晚霞。”以此形容肉片在锅中的状态。这道兔肉火锅便有了“拨霞供”这个风雅的名字。

2017年3月31日

丁酉年三月初四　星期五

卅一

四月

食蔬茹素

草衣木食，上古之风。
饭蔬饮水，乐在其中。

明　刘珏　草书七律诗轴

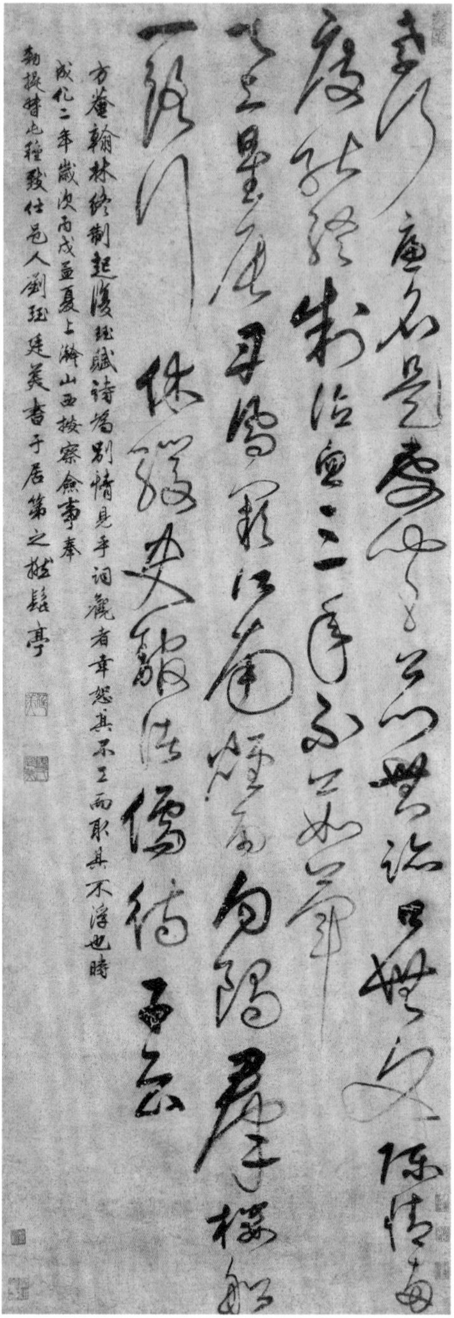

刘珏，字廷美，号完庵，
工书法，擅山水画。
此幅为刘珏写给其友
方庵翰林的赠别诗——
孝行廉名是处闻，
公门无迹口无文。
陈情两度能终制，
泣血三年不茹荤。
天上星辰丹凤阙，
江南烟雨白鸥群。
楼船一路行休缓，
史馆诸儒待子云。
既赞美方庵丁忧期间的孝行，
又寄托了对其起复后
大展宏图的祝愿。
书法率性天然、酣畅淋漓。

寒食

唐　韩翃

春城无处不飞花，
寒食东风御柳斜。
日暮汉宫传蜡烛，
轻烟散入五侯家。

2017年4月1日

丁酉年三月初五　星期六

一日

2017年4月2日

丁酉年三月初六　星期日

二日

宋　马和之　《诗经·小雅·鹿鸣》图卷（局部）

此图绘《诗经·小雅·鹿鸣之什·鹿鸣》中鹿在野地上吃蒿类植物的情景。

薤露蒿里

晋崔豹《古今注·音乐》云："《薤露》《蒿里》，并丧歌也。出田横门人。横自杀，门人伤之，为之悲歌，言人命如薤上之露，易晞灭也。亦谓人死魂魄归于蒿里，故有二章。一章曰：'薤上朝露何易晞，露晞明朝还复滋，人死一去何时归。'其二曰：'蒿里谁家地，聚敛魂魄无贤愚，鬼伯一何相催促，人命不得少踟蹰。'至孝武时，李延年乃分为二曲，《薤露》送王公贵人，《蒿里》送士大夫、庶人，使挽柩者歌之，世呼为挽歌。"

2017年4月3日

丁酉年三月初七　星期一

三日

2017年4月4日

丁酉年三月初八　星期二

清明

明　沈周　《辛夷墨菜图》卷（第一段）

沈周，字启南，号石田，
别号白石翁、玉田生、有竹居主人等，
明代吴门画派的创始人，“明四家”之一。
此图为《辛夷墨菜图》卷第一段，
以水墨绘白菜，用笔如写书法。
右侧有其友人吴宽题诗——
翠玉晓笼苁，畦间足春雨。
咬根莫弄叶，还可作羹煮。

雨后行菜

宋　苏轼

梦回闻雨声，喜我菜甲长。平明江路湿，并岸飞两桨。

天公真富有，膏乳泻黄壤。霜根一蕃滋，风叶渐俯仰。

未任筐筥载，已作杯案想。艰难生理窄，一味敢专飨。

小摘饭山僧，清安寄真赏。芥蓝如菌蕈，脆美牙颊响。

白菘类羔豚，冒土出蹯掌。谁能视火候，小灶当自养。

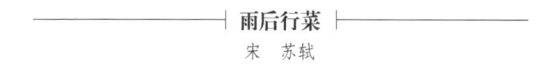

2017年4月5日

丁酉年三月初九　星期三

五日

2017年4月6日

丁酉年三月初十　星期四

六日

清　银藕形香池

此件香池原陈设于慈宁宫花园临溪亭内，
作焚香礼佛之用。
通体银质，造型模拟莲藕形象，
缀饰小莲叶、小花苞，显得生机勃勃。

一把藕丝牵不断

“藕断丝连”是形容表面关系断绝，内在仍存有联系的成语。藕丝其实是盘曲状导管，有一定弹性。藕折断后，藕丝会拉长，形成“藕断丝连”的视觉效果。“藕断丝连”原形容男女之间情意未绝，典出唐孟郊《去妇》：“君心匣中镜，一破不复全。妾心藕中丝，虽断犹牵连。安知御轮士，今日翻回辕。一女事一夫，安可再移天。君听去鹤言，哀哀七丝弦。”

2017年4月7日

丁酉年三月十一　星期五

七日

2017年4月8日

丁酉年三月十二　星期六

八日

清　翠佛手形佩

佛手，因其果实状似人手而得名，
既可做菜，又可以当作水果吃。
佛手因与“福”谐音，
成为宫廷中常见的装饰题材。
此佩圆雕为佛手形，具有吉祥寓意。

三清茶

三清茶由乾隆帝首创，采用梅花、佛手、松实入茶，以雪水烹成。“梅花色不妖，佛手香且洁，松实味芳腴”，乾隆帝认为此三物不仅气味清香，而且品格非凡。梅花号称“香雪”，凌寒而开，以品质高洁著称；佛手“灵根疑长兜罗树”，是具有佛性的吉祥植物；松子是松树的种子，松树是“岁寒三友”之一，具有苍劲坚韧的品格。雪水被誉为“天泉”，以之瀹茶，具幽香而“不致溷茶叶”。三清茶用于重华宫茶宴，终乾隆朝凡 43 次。

2017年4月9日

丁酉年三月十三　星期日

九日

2017年4月10日

丁酉年三月十四　星期一

十日

清　金农《人物山水图》册第四开

此图为金农的《人物山水图》册第四开，
绘江南水乡采摘菱角的场景。
图中远山与沙洲若隐若现，仿若隔着一层轻雾，
成片的碧色菱角衬得采菱人的红衣格外鲜艳。
图右下角是金农的自题诗——
吴兴众山如青螺，山下树比牛毛多。
采菱复采菱，隔船闻笑歌。
王孙老去伤迟暮，画出玉湖湖上路。
两头纤纤曲有情，我思红袖斜阳渡。

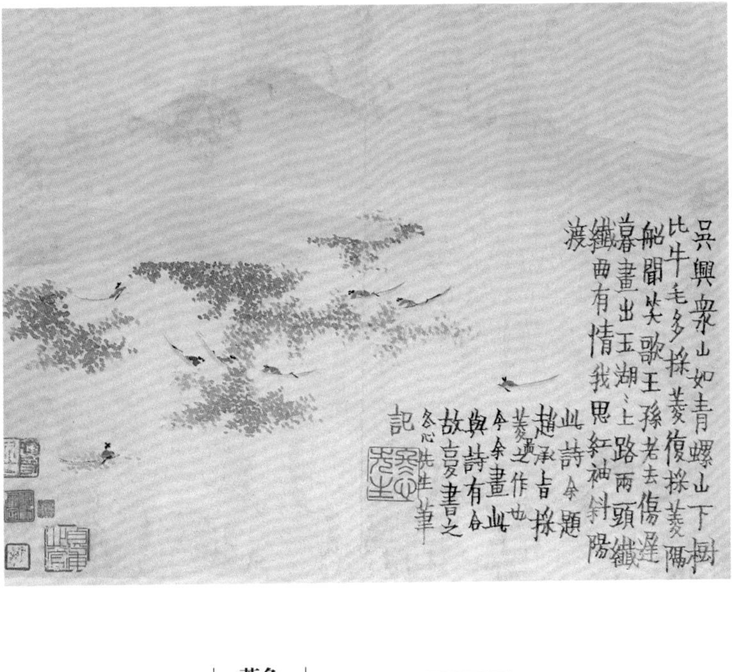

菱角

宋　刘挚

洪池富水物，擘波收紫菱。春华杂青黄，夏蔓相牵仍。
迨彼风露足，芒角秋实登。刚铦事利觜，扶挟如有朋。
双锋尚可嘬，四出尤足憎。吕歜固有嗜，蒺莉非所凭。
外观乏婉软，中质韬玉冰。取物取诸内，惟彼识者能。

2017年4月11日

丁酉年三月十五　星期二

十一

2017年4月12日

丁酉年三月十六　星期三

十二

清　封锡爵款竹雕晚菘式笔筒

封锡爵是清康熙朝竹刻名家，以圆雕竹根艺术闻名于世。
此件笔筒仿照白菜的形态圆雕而成，形态敦实，叶脉清晰。

春盘

唐宋以降，立春日流行吃春饼卷萝卜、生菜，谓之春盘。在宋代，皇帝还会赐近臣春盘，“翠缕红丝，金鸡玉燕，备极精巧，每盘值万钱”。明代宫廷在立春这一天“无贵贱皆嚼萝卜，名曰‘咬春’”。清代的春饼要包裹“满洲合菜”，即来自东北的鹿肉、熏猪肉、野鸡、关东鸡、鸭子、野猪肉、茼蒿菜、酱瓜、酱苤蓝、胡萝卜、干扁豆、豇豆角、葫芦条、宽粉、绿豆粉、甜菜、香油等。

2017年4月13日

丁酉年三月十七　星期四

十三

2017年4月14日

丁酉年三月十八　星期五

十四

宋　李唐 《采薇图》(局部)

李唐是“南宋四家”之一。
此图所绘为商末伯夷、叔齐不食周粟，
在首阳山采薇而食的故事。
图中伯夷双手抱膝，表情沉着坚定；
叔齐上身前倾，表明愿意追随其志。

伯夷、叔齐耻食周粟

伯夷、叔齐是商末孤竹国的王子。相传，孤竹君立叔齐为继承人。孤竹君死后，叔齐让位给伯夷，伯夷不受，二人先后逃到周国。周武王伐纣，二人叩马谏阻说：“父死不葬，爰及干戈，可谓孝乎？以臣弑君，可谓仁乎？”武王灭商后，他们耻食周粟，在首阳山上采食蕨菜为生，最终饿死。临死前，二人歌曰：“登彼西山兮，采其薇矣。以暴易暴兮，不知其非矣。神农、虞、夏忽焉没兮，我安适归矣？于嗟徂兮，命之衰矣！”

2017年4月15日

丁酉年三月十九　星期六

十五

2017年4月16日

丁酉年三月廿日　星期日

十六

清　碧玉瓜蝶纹罐

此罐通体浮雕瓜与蝴蝶，
寓意瓜瓞绵延。
构图规整而不呆板，
肩部对称浮雕两只蝴蝶。

瓜祭

《诗经·小雅·谷风之什·信南山》:“中田有庐，疆埸有瓜。是剥是菹，献之皇祖。曾孙寿考，受天之祜。”郑玄笺:“献瓜菹于先祖者，顺孝子之心也。孝子则获福。”孔颖达疏:“民以瓜新熟，献于天子。天子得之，乃剥削淹渍以为菹，欲以供祭祀，贵四时之异物故也。”瓜祭是先秦风俗。因将瓜切开后横剖面像个环，带瓜蒂的称为上环，用来祭祀;开花晚落的部分叫下环，可以食用。

2017年4月17日

丁酉年三月廿一　星期一

十七

2017年4月18日

丁酉年三月廿二　星期二

十八

清　蒋廷锡《花卉草虫册》之“秋葵”

蒋廷锡，字扬孙，号西谷、南沙。
康熙朝进士，雍正六年（1728）授文华殿大学士。擅花卉、兰竹。
因居高位，代笔、赝品较多。
此图应为他人代笔作品。

秋葵

秋葵是一年生草本植物，其果荚可以食用，有“洋辣椒”之称，是具有多重保健功效的植物。历代颇多赞美秋葵的诗作，是因其花叶向阳而生的特性和肖似杯盏的外形。“独自倾心向太阳”，“倾阳一点丹心在”。“秋来似学金丹粉，戏把硫黄制酒杯。”

2017年4月19日

丁酉年三月廿三　星期三

十九

2017年4月20日

丁酉年三月廿四　星期四

谷雨

明　戗金彩漆鱼藻纹慈姑叶式洗

此洗呈慈姑式，通体髹深绿色漆为地，饰戗金彩漆花纹。
盘心饰红色鲤鱼一尾，间饰水藻荷花，
鱼头顶火珠雕乾坤二卦，左右各有一万字符。
盘壁饰荷花、慈姑、水草等纹，外壁饰水藻和鲤鱼六尾。

履道池上作

唐　白居易

家池动作经旬别，松竹琴鱼好在无。树暗小巢藏巧妇，渠荒新叶长慈姑。
不因车马时时到，岂觉林园日日芜。犹喜春深公事少，每来花下得踟蹰。

2017年4月21日

丁酉年三月廿五　星期五

廿一

2017年4月22日

丁酉年三月廿六　星期六

廿二

宋　法常 《水墨写生图》卷（局部）

法常，号牧溪，宋末元初画家。
其画作以淡泊宁静的禅意著称，对日本水墨画影响颇大，
在日本被奉为“画道的大恩人”。
此段绘萝卜、菱角等日常蔬菜。

皛饭与毳饭

苏轼曾说“三白”之味美于“八珍”。何谓“三白”？就是一撮盐、一碟生萝卜和一碗饭。他的朋友刘攽下帖请他吃皛饭。结果刘家只给苏轼吃了咸萝卜配米饭，他方知晓刘攽在以“三白”故事打趣。饭毕，苏轼说：“明天我请你吃毳饭。”次日，刘攽到了苏家，苏轼只和他聊天，不给他吃饭，还解释道：“盐也毛，萝卜也毛，饭也毛，这不是毳饭是什么？”毛者，“无”也，所谓“毳饭”，就是什么都没有了。

2017年4月23日

丁酉年三月廿七 星期日

廿三

2017年4月24日

丁酉年三月廿八 星期一

廿四

清　任熊 《姚燮诗意图册》第一册第四开

此图以姚燮诗句“饤饾错菹果，饯岁方开尊”入画，
钤“渭长”白文方印。

《诗经》中的蔬菜与美人

《诗经·卫风·硕人》中赞美卫庄公夫人庄姜“手如柔荑，肤如凝脂，领如蝤蛴，齿如瓠犀”。其中，柔荑是初生的茅芽，色白且柔嫩，用以比喻女子的手细白柔美。瓠就是葫芦，瓠犀是葫芦子。因其排列整齐，色泽洁白，故用以比喻美人整齐的牙齿。

2017年4月25日

丁酉年三月廿九　星期二

廿五

2017年4月26日

丁酉年四月初一　星期三

廿六

清　紫檀木边座嵌玉插屏

此插屏正中镶青玉菜叶。屏心正面浮雕松柏，
菜叶上方有填金刻字“瑞呈秋圃”；背面浮雕竹、菊、藤萝及寿石，
菜叶上方有填金乾隆帝御制诗一首——
翠翻琼片叶参差，玉食何妨此味知。
记得苏堤香扑马，蒙蒙春雨作花时。

白菜碑

明嘉靖年间，徐九思任江苏省句容知县。任职期间，徐九思在县衙前竖立一座石碑，碑上雕其所画的一棵大白菜，两侧题写了一幅楹联：“为民父母，不可不知此味；为吾赤子，不可令有此色。”他在句容任职九年，就像白菜碑所述，为官清廉，自奉节俭，办事公正，不徇私情，深受百姓爱戴。徐九思逝世后，句容百姓为了怀念这位清官，捐资在茅山建造了一座“遗爱祠”。

2017年4月27日

丁酉年四月初二　星期四

廿七

2017年4月28日

丁酉年四月初三　星期五

廿八

清　王铎　《王维诗》卷（局部）

王铎，字觉斯，号嵩樵，工诗文、书画。

此书为唐代诗人王维《春过贺遂员外药园》——

前年槿篱故，新作药栏成。香草为君子，名花是长卿。

水穿盘石透，藤系古松生。画畏开厨走，来蒙倒屣迎。

蔗浆菰米饭，蒟酱露葵羹。颇识灌园意，於陵不自轻。

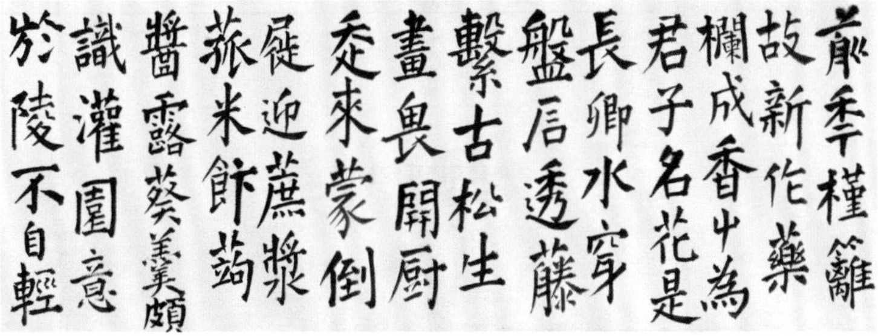

仲子灌园

据《高士传》，陈仲子是齐国的高士。他的哥哥是食禄万钟的卿大夫，“仲子以为不义，将妻子适楚，居於陵，自谓於陵仲子。穷不苟求，不义之食不食”。楚王因其贤德而请他为相，仲子就问他妻子的意见。其妻曰：“夫子左琴右书，乐在其中矣。结驷连骑，所安不过容膝；食方丈于前，所甘不过一肉。今以容膝之安、一肉之味，而怀楚国之忧，乱世多害，恐先生不保命也。”于是，仲子谢绝了高位，而去替人浇灌菜园。

2017年4月29日

丁酉年四月初四　星期六

廿九

2017年4月30日

丁酉年四月初五　星期日

卅日

五月

水中珍鲜

水中珍鲜，风味无边。
这是河流对人间的馈赠，
亦是海洋对陆地的祝福。

明　吴伟《渔乐图》轴

吴伟，字士英，又字次翁，号小仙。
此图绘渔舟停泊在湖岸的场景。
渔夫们或垂钓，或对谈，或远眺，安于清贫，乐于山水，
既富有生活感，又尽显江南水乡之美。

金齑玉脍

金齑玉脍是隋唐时期的一道名菜，相传菜名是隋炀帝所起。《大业拾遗》中详细记述了其制作方法："然作鲈鱼脍，须八九月霜下之时，收鲈鱼三尺以下者，作干脍。浸渍讫，布裹沥水令尽，散置盘内。取香柔花叶，相间细切，和脍，拨令调匀。霜后鲈鱼，肉白如雪，不腥。所谓'金齑玉脍'，东南之佳味也。紫花碧叶，间以素脍，亦鲜洁可观。"

2017年5月1日

丁酉年四月初六　星期一

一日

2017年5月2日

丁酉年四月初七　星期二

二日

明　五彩鱼藻纹蒜头瓶

此瓶以瓶口呈蒜头状而得名。
通体青花五彩装饰，
腹部绘鱼、虾、蟹及水草，
颈部绘折枝梅花。
上下衬以变形莲瓣、卷草纹等。
口沿下署青花楷体“大明万历年制”
六字横排款。

索虾

清　唐彦谦

姑孰多紫虾，独有湖阳优。
出产在四时，极美宜于秋。
双箝鼓繁须，当顶抽长矛。
鞠躬见汤王，封作朱衣侯。
所以供盘餐，罗列同珍羞。
蒜友日相亲，瓜朋时与俦。
既名钓诗钓，又作钩诗钩。
于时同相访，数日承款留。
厌饮多美味，独此心相投。
别来岁云久，驰想空悠悠。
衔杯动遐思，哆口涎空流。
封缄托双鲤，于焉来远求。
慷慨胡隐君，果肯分惠不？

2017年5月3日

丁酉年四月初八　星期三

三日

2017年5月4日

丁酉年四月初九　星期四

四日

清　李方膺《游鱼图》轴

李方膺，字虬仲，号晴江，
别号秋池、抑园、
木子、桑苧翁等，
为“扬州八怪”之一。
此图是李方膺罢官之后的作品，
绘五条鲤鱼在欢快地嬉游。
背景处不着一笔，
给人意到笔不到的意象观感。
右侧是李方膺的
一首自题诗——
三十六鳞一出渊，
雨师风伯总无权。
南阡北陌棹声急，
喷沫崇朝遍绿田。

孟宗献鲊

孟宗，是三国东吴著名的孝子。他做监池司马时，“自能结网，手以捕鱼，作鲊寄母。母因以还之，曰：‘汝为鱼官，而以鲊寄我，非避嫌也。’”鲊，是一种腌鱼。《释名》云：“鲊，菹也，以盐、米酿鱼以为菹，熟而食之也。”到了宋代，鲊已成为颇为流行的食品，还出现了用鸡肉、猪肉、羊肉等做成的鲊。

2017年5月5日

丁酉年四月初十 星期五

立夏

2017年5月6日

丁酉年四月十一 星期六

六日

清　透明玻璃刻鱼藻纹盖碗

此碗料质纯净，透明度好，
盖面上环刻三条金鱼，
碗外壁刻有六条金鱼在水藻中欢快地嬉戏，
寓意金玉满堂。

莼鲈之思

西晋文学家张翰是吴郡吴江（今江苏苏州）人。他心胸旷达、纵任不拘，曾在齐王司马冏执政时期，任大司马东曹掾。一天，他在洛阳见到秋风吹过，忽然想念故乡美食——菰菜、莼羹和鲈鱼脍，说道：“人生贵得适意尔，何能羁宦数千里以要名爵！”并作《思吴江歌》：“秋风起兮佳景时，吴江水兮鲈正肥。三千里兮家未归，恨难得兮仰天悲。”张翰因美食而弃官回乡，“莼鲈之思”也由此成为思乡的代名词。

2017年5月7日

丁酉年四月十二　星期日

七日

2017年5月8日

丁酉年四月十三　星期一

八日

清　粉彩像生瓷果品蟹盘

盘折沿，底平坦，圈足。
盘心趴伏一只螃蟹，四周散落核桃、红枣、荔枝、荸荠、
石榴、花生、莲子、瓜子、樱桃、菱角等。

“文吃”螃蟹

在古代，食蟹是一桩雅事。历代文人歌咏食蟹的诗词不知凡几，《红楼梦》中大观园内众人持螯赏桂之际亦纷纷赋诗咏蟹。当然，剥蟹的手法是否文雅也是蟹宴上一桩趣事。在明代宫廷，“凡宫眷内臣吃蟹，活洗净，蒸熟，五六成群，攒坐共食，嬉嬉笑笑。自揭脐盖，细细用指甲挑剔，蘸醋蒜以佐酒。或剔蟹胸骨，八路完整如蝴蝶式者，以示巧焉”。明人还发明了“蟹八件”——锤、镦、钳、铲、匙、叉、刮、针八种食蟹工具，真正做到了“文吃”螃蟹。

2017年5月9日

丁酉年四月十四　星期二

九日

2017年5月10日

丁酉年四月十五　星期三

十日

明　缪辅　《鱼藻图》轴

缪辅，字良佐，明宣德年间宫廷画家，擅画水藻游鱼。
此图绘群鱼嬉游在浮萍、藻荇间，左下角绘一丛慈姑，绿叶白花，似随风而动。

禁食鲤鱼

唐朝统治者姓李，因“鲤”与“李”同音，为了避讳，唐代禁止捕食鲤鱼。段成式《酉阳杂俎》云：“鲤，脊中鳞一道，每鳞有小黑点，大小皆三十六鳞。国朝律：取得鲤鱼即宜放，仍不得吃，号赤鲜公，卖者杖六十。言鲤为李也。”当然，禁令挡不住老饕。韩愈去世后，他的好友张籍就在诗中回忆二人“回入潭濑下,网截鲤与鲂”的经历。白居易也有“炊稻烹红鲤”“朝盘脍红鲤”等句。

2017年5月11日

丁酉年四月十六　星期四

十一

2017年5月12日

丁酉年四月十七　星期五

十二

清　黄花梨木边座嵌石心插屏

边座为黄花梨木质地。
屏心为紫石雕“天开黄甲图”——三只大蟹在芦苇丛中穿行，
其中一只举螯衔住芦苇。寓意三甲传胪，金榜提名。
科举考试中，进士经过殿试会被排出三个等级，即三甲。
进士榜用黄纸书写，故称“黄甲”或“金榜”。
一甲三人，分别是状元、榜眼和探花。
二甲第一名被称为“金殿传胪”，
三甲第一名被称为“玉殿传胪”。传胪，即唱名。

钱仲修饷新蟹

宋　曾幾

开奁破壳喜新黄，此物移来所未尝。一手正宜深把酒，二螯已是饱经霜。
横行足使班寅惧，干死能令疟鬼亡。毕竟爬沙能底事，只应大嚼慰枯肠。

2017年5月13日

丁酉年四月十八　星期六

十三

2017年5月14日

丁酉年四月十九　星期日

十四

明　徐渭《黄甲图》轴

徐渭，字文清，更字文长，
号天池山人、青藤道人、山阴布衣等，
诗文书画皆精。
此图绘一只螃蟹在荷叶下爬行。
右上角为一首自题诗——
兀然有物气豪粗，莫问年来珠有无。
养就孤标人不识，时来黄甲独传胪。

“蟹仙”李渔

李渔，字谪凡，号笠翁，明末清初著名文学家、戏剧家，因嗜食螃蟹，且有独到的品蟹心得，获得“蟹仙”之誉。每年，螃蟹还未上市，李渔就早早地存好了买螃蟹的钱，他戏称为“买命钱”。他赞美“蟹之鲜而肥，甘而腻，白似玉而黄似金，已造色、香、味三者之至极，更无一物可以上之”，并认为蟹最宜清蒸，无须“和以他味”，且得趁热、趁鲜食用，亲自手剥，才能体会食蟹的妙处。

2017年5月15日

丁酉年四月廿日　星期一

十五

2017年5月16日

丁酉年四月廿一　星期二

十六

清　素三彩渔家乐图长方几

几面呈长方形，上以素三彩绘三名渔夫立在水中捕鱼的场景。
画面采取近大远小的绘画法则，
挺拔的树木、成行的大雁、层叠的青山以及掩映其中的屋舍与高塔，
共同构成了一幅动静结合、质朴悠然的渔家乐图景。

鱼与熊掌

孟子曾用鱼和熊掌比喻生命和大义，探讨人生中的抉择与取舍。“鱼，我所欲也；熊掌，亦我所欲也，二者不可得兼，舍鱼而取熊掌者也。生，亦我所欲也；义，亦我所欲也，二者不可得兼，舍生而取义者也。”孟子认为“义”比生命更重要，失去“义”是比死亡更恐怖的事情。如果一个人为了华丽的宫殿、娇美的妻妾、别人的巴结而行不义之举，那就是“失其本心”。

2017年5月17日

丁酉年四月廿二　星期三

十七

2017年5月18日

丁酉年四月廿三　星期四

十八

明　周臣　《渔乐图》轴（局部）

此图描绘江南渔夫捕捞作业及日常生活图景。
画家将撒网、扣鱼、捞虾、垂钓、织网等渔人的动作、
神态描绘得活灵活现，令观者仿若置身于江南水乡，
亲身感受到渔人们的欢乐。

渔歌子（其二）

唐　李珣

荻花秋，潇湘夜，橘洲佳景如屏画。碧烟中，明月下，小艇垂纶初罢。水为乡，蓬作舍，鱼羹稻饭常餐也。酒盈杯，书满架，名利不将心挂。

2017年5月19日

丁酉年四月廿四　星期五

十九

2017年5月20日

丁酉年四月廿五　星期六

廿日

清　像生瓷海螺

此海螺是一件像生瓷，
内壁光滑，外壁粉彩装饰。
其色彩、造型、质感及开口处锯齿状凸起等细节
几与天然海螺无异，足可乱真。

白水素女

明版《万历续道藏》收录的《搜神记》中记载了田螺姑娘的故事。“昔闽人谢端有淑行，居室寒素。一日出江边，见一大螺偃仰状如斗，异而爱之，因载之以归，畜且珍焉。每外，肩钥严密。返则盘飧罗具如宾筵。……为密伺，见一姝丽甚。端前礼问其故，神亦不隐，遂应之曰：‘我天汉中白水素女也。天帝遣我为君具食，今限满当去，故为君所窥。我去，留壳与君。’端用以居粮，其米常溢。今福州西北三十里有螺江，其得名由此云。”

2017年5月21日

丁酉年四月廿六　星期日

小满

2017年5月22日

丁酉年四月廿七　星期一

廿二

宋　法常　《水墨写生图》卷（局部）

此图截取自法常《水墨写生图》，
所绘鱼虾蚌蟹皆不施色彩，笔墨简淡，却格外生动。

天子与蛤蜊

唐文宗喜食蛤蜊。一次遇到无法擘开的蛤蜊，就焚香祷告，一会儿蛤蜊的壳张开了，里面竟是观音菩萨的形象。文宗于是诏天下寺院立观音像。宋人陈师道在《后山谈丛》记载了宋仁宗拒食蛤蜊的故事："仁宗每私宴，十阁分献熟食。是岁秋初，蛤蜊初至都，或以为献，仁宗问曰：'安得已有此邪！其价几何？'曰：'每枚千钱，一献凡二十八枚。'上不乐，曰：'我常戒尔辈勿为侈靡，今一下箸费二十八千，吾不堪也。'遂不食。"一枚刚上市的蛤蜊价值千钱，宋仁宗不肯食用亦是天下生民之福。

2017年5月23日

丁酉年四月廿八　星期二

廿三

2017年5月24日

丁酉年四月廿九　星期三

廿四

清　牙雕渔乐图笔筒

此笔筒是乾隆朝牙雕名匠黄振效的作品。
共由三个场景构成，正面浮雕五个渔夫在松荫下聚饮；
右侧雕刻渔人在泊岸的小舟上小憩；
第三个场景是渔夫撑船，划开芦苇荡前行，舟上渔妇怀抱婴孩。
三个场景传达着宁静祥和的盛世安乐，颇合“渔乐图”的主题。

戏题渔乐图

清　爱新觉罗·弘历

网得鱼虾足酒钱，醉来蓑笠伴身眠。

漫言泛宅曾无定，一曲渔歌傲葛天。

2017年5月25日

丁酉年四月三十　星期四

廿五

2017年5月26日

丁酉年五月初一　星期五

廿六

宋　王诜 《渔村小雪图》卷（局部）

王诜，字晋卿，能书擅画，尤工山水。
此图绘小雪初霁的渔村山林景色。
在一片荒寒萧瑟中，几个渔夫在江面上劳作，
给人以清冷、孤寂的出世之感。

渔隐

入世与归隐，是中国文人心中永恒的二难抉择。屈原被放逐后，遇到一位渔父问他为何如此落魄。屈原回答说："举世皆浊我独清，众人皆醉我独醒。"渔父则认为他没有必要"深思高举"，自寻烦恼。屈原坚持说，哪怕葬身鱼腹，也不能与世俗同流合污。渔父莞尔而笑，鼓枻而去。歌曰："沧浪之水清兮，可以濯吾缨；沧浪之水浊兮，可以濯吾足。"屈原与渔父代表的是两种处世哲学，二者无关是与非。在后世的文学、书画作品中，渔父的形象已成为隐士的象征。

2017年5月27日

丁酉年五月初二　星期六

廿七

2017年5月28日

丁酉年五月初三　星期日

廿八

清　白套红玻璃鱼形鼻烟壶

此件鼻烟壶呈跳跃的鱼形，鱼嘴为壶口，鱼尾向下摆动。鱼身为白色，上刻鳞纹，其余部位皆为红色。

炙鱼引发的惨案

专诸是中国古代著名刺客，以刺杀吴王僚而闻名。他在刺杀前做了充足的准备，调查吴王僚的喜好。得知其喜食炙鱼，便去太湖学习如何制作美味的炙鱼，足足学习了三个月。他还将一柄鱼肠剑藏在鱼腹内。在宴会上，专诸将做好的炙鱼端上来，并上前为吴王僚擘鱼，趁机取剑刺杀了吴王僚。吴王僚不是唯一一个因美食而死的人。在他死后，吴王阖闾继位，阖闾也很爱吃炙鱼。一次他和女儿争食炙鱼,他的女儿竟因为没有吃到美味而含怨死去了。

2017年5月29日

丁酉年五月初四　星期一

廿九

2017年5月30日

丁酉年五月初五　星期二

端午

明　吴伟　《松溪渔炊图轴》

此图绘一渔父在泊岸的小舟上做饭的情景。
老翁低头吹管，助燃炉火，颇具生活气息。
画面左上方有画家自识："小仙。"

舟子

宋　黄庭坚

黄须客子居水滨，水行水宿忘冬春。莽渺三江五湖外，短船无地不知津。
弓弯夜月射鸣雁，舷系晓风歌采苹。时望青旗沽白酒，醉煮白鱼羹紫莼。
平生未识州县路，鸥鸟蒹葭成四邻。市人诱我利三倍，辍棹一出几危身。
古来有道处渔钓，岂与荷担为台臣。欲论旧业谁知者，满地车轮来往尘。
言归明月沧波上，依旧操舟妙若神。

2017年5月31日

丁酉年五月初六　星期三

卅一

六月

芳华风味

餐花食芳，
唇齿长留一段香。
咀华含英，
笔端书下几许情。

清　吴昌硕
《岁朝清供图》轴

吴昌硕，初名俊卿，
字昌石、昌硕，别号缶庐、
老缶、苦铁、破荷、大聋等，
兼诗、书、画、印四绝于
一身。
此图绘瓶梅、秀石、蒲草、
水仙、百合及柿子等，
构图右高左低，
设色鲜艳喜人。
画面左上角自题——
岁朝清供。
岁朝写案头花，
象古人所作岁时
物之迁流也，兹拟其意。
乙卯岁寒吴昌硕。

餐芳

西方有一句谚语——We are what we eat，可以翻译成“人如其食”。其中，有一层意蕴或可以理解为人通过饮食获取食材本身所具备的品格。中国人以花为馔、以花入馔的历史可以追溯到神话时代，百花或清香、或耐寒、或高洁的品格让人相信花卉是自然馈赠的美食，甚至还具有延年益寿之功效。据《神仙传》，有人以百草花为原料炼制成药丸，服用后竟然能百岁不老，最终入山成仙。

2017年6月1日

丁酉年五月初七　星期四

一日

2017年6月2日

丁酉年五月初八　星期五

二日

明　沈周　《辛夷墨菜图》卷

此图为《辛夷墨菜图》卷第二段，
以没骨法绘折枝辛夷。
吴宽题诗："半含成木笔，本号是辛夷。
一树石庭下，故园增我思。"

辛夷的药用价值

辛夷，木兰科木兰属。初春时，花先叶而开，花瓣六片，大如莲，内白外紫，香味浓郁。其花蕾可入药，李时珍《本草纲目》引《别录》云："温中解肌，利九窍，通鼻塞、涕出，治面肿引齿痛、眩冒、身兀兀如在车船之上者。生须发，去白虫。"辛夷最大的药用价值是治疗鼻炎，辛夷鸡蛋汤、辛夷猪肺汤皆是有名的食疗方子。

2017年6月3日

丁酉年五月初九　星期六

三日

2017年6月4日

丁酉年五月初十　星期日

四日

清　恽寿平　《桃花图》轴

此图以没骨法绘春日桃花一枝，
设色清雅。
左上角有自题诗一首——
习习香薰薄薄烟，
杏迟梅早不同妍。
山斋尽日无莺蝶，
只与幽人伴醉眠。

红酒歌

元　杨维桢

扬子渴如马文园，宰官特赐桃花源。桃花源头酿春酒，滴滴真珠红欲然。
左官忽落东海边，渴心盐井生炎烟。相呼西子湖上船，莲花博士饮中仙。
如银酒色未为贵，令人长忆桃花泉。胶州判官玉牒贤，忆昔同醉琼林筵。
别来南北不通问，夜梦玉树春风前。朝来五马过陋廛，赠以同袍五色彩。
副以五凤楼头笺，何以浇我磊落抑塞之感慨？桃花美酒斗十千。
垂虹桥下水拍天，虹光散作真珠涎。吴娃斗色樱在口，不放白雪盈人颠。
我有文园渴，苦无曲奏鸳鸯弦。预恐沙头双玉尽，力醉未与长瓶眠。
径当垂虹去，鲸量吸百川。我歌君扣舷，一斗不惜诗百篇。

2017年6月5日

丁酉年五月十一　星期一

芒種

2017年6月6日

丁酉年五月十二　星期二

六日

清　明黄色缎绣折枝栀子花蝶纹女单衬衣

此件衬衣以明黄色素缎为面，通身绣折枝栀子花和彩蝶，
缘饰白地粉色海棠纹边、宝蓝缎地栀子蝴蝶纹边和元青万字曲水织金缎边。

薝卜煎

薝卜，是梵语 Campaka 音译，又译作瞻卜伽、旃波迦、瞻波等，义译为金色花树、黄花树。唐宋时，栀子花常被当作薝卜，还被文人称作“禅友”“禅客”。据《山家清供》，林洪“旧访刘漫塘宰”，曾在刘家吃过一道“薝卜煎”，味道“清芳极可爱”。具体制法是采用大瓣的栀子花，用开水焯过，稍稍滤干水，用甘草水和稀面糊，再放入油中煎炸。这道菜令林洪想起了杜甫的诗：“于身色有用，与道气相和。”他认为此菜“清和之风备矣”。

2017年6月7日

丁酉年五月十三　星期三

七日

2017年6月8日

丁酉年五月十四　星期四

八日

清　蒋廷锡　《花卉草虫》册之萱草石竹

此图绘一只蝴蝶停栖在黄色的萱草花上，
另有一株紫红色的石竹在石后静静开放。

宜男复忘忧

萱草，又名忘忧草、鹿葱、鹿剑、宜男、丹棘、金针花、黄花菜等。中国古代认为萱草能治疗妇女的不孕症，并且经常佩戴萱草可以令产妇诞下男婴。《博物志》云："妇人不孕，佩其花必生男。"传统民俗中，萱草还有一种使人忘忧之功效。《诗经·卫风·伯兮》云："焉得谖（萱）草，言树之背。"说的就是一个女子对出征在外的丈夫相思入骨，想要栽种一棵萱草来缓解幽思。

2017年6月9日

丁酉年五月十五　星期五

九日

2017年6月10日

丁酉年五月十六　星期六

十日

清　恽寿平　《山水花鸟图》册之牡丹

此图绘一红一白两朵牡丹。
红牡丹有绿叶相衬，更显娇艳雍容，
白牡丹虽居画面一隅，却清新素洁。
右上角自题诗——
十二铜盘照夜遥，碧桃纱护洛城娇。
最怜兴庆池边影，一曲春风忆凤箫。

牡丹入馔

国色天香的牡丹花制成花膳，不仅色香味美，而且具有营养价值。《本草纲目》云："茶中加入牡丹花瓣，久饮可延年益寿。"《广群芳谱》卷三十二引《复斋漫录》云："孟蜀时，礼部尚书李昊每将牡丹花数枝分遗朋友。以兴平酥同赠，曰：'俟花凋谢，即以酥煎食之。'"《遵生八笺》云："牡丹新落瓣亦可煎食。"《养小录》云："牡丹花瓣，汤焯可，蜜浸可，肉汁烩亦可。"

2017年6月11日

丁酉年五月十七　星期日

十一

2017年6月12日

丁酉年五月十八　星期一

十二

清　蒋廷锡 《花卉图》册之荷花

此图绘出水风荷。追求水墨淋漓的神韵，
荷叶叶脉处理得较为粗放。
右侧题沈周诗——
学士弘开君子池，露花凝秀发高枝。
华峰卓掌兼秋爽，禁院分灯觉夜迟。
素德玉成超物类，仙资天赋岂人为。
通辞更有微波在，想像临风点笔时。

荷叶杯

早在曹魏时，就有以荷叶为杯的饮酒之法——先用簪子刺透叶柄，将柄当作吸管，称为“碧筒饮”，据说“酒味杂莲气，香冷胜于水”。到了唐代，这种以荷叶杯行酒的方法颇为流行。唐人赵璘《因话录》云:“靖安李少师……暑月临水，以荷为杯，满酌密系，持近人口，以箸刺之，不尽则重饮。”唐诗中亦留有“酒吸荷叶绿”“折荷以为盏”等诗句。

2017年6月13日

丁酉年五月十九　星期二

十三

2017年6月14日

丁酉年五月廿日　星期三

十四

清　恽寿平《山水花鸟图》册之荷花

此图以没骨法绘出水芙蓉。
花瓣红艳不俗，荷叶碧绿如翠，莲蓬嫩黄喜人。
右上为自题诗——
冲泥抽柄曲，贴水铸钱肥。
西风吹不入，长护美人衣。

莲花白

莲花白是明清宫廷御用美酒，始创于明万历年间，清末其秘方传至民间，传承至今。《清稗类钞》云：“瀛台种荷万柄，青盘翠盖，一望无涯。孝钦后（即慈禧）每令小阉采其蕊，加药料，制为佳酿，名莲花白。注于瓷器，上盖黄云缎袱，以赏亲信之臣。其味清醇，玉液琼浆，不能过也。”

2017年6月15日

丁酉年五月廿一　星期四

十五

2017年6月16日

丁酉年五月廿二　星期五

十六

紫禁十八槐

武英殿东侧的断虹桥北的道路两旁，
有一片 600 岁树龄的国槐树林。
这些古槐始种于明朝初年，到清末仅存 18 棵，
称为“紫禁十八槐”，是禁中一景。
现在仍有 16 棵古槐存活。

槐叶冷淘

槐叶冷淘是用槐叶汁和面做成的绿色面条，煮熟后再放入凉水中冷却、淘洗。槐叶可除“霍乱烦闷，肠风痔疾”，所以在炎炎夏日食用槐叶冷淘，既凉爽可口又养生保健。槐叶冷淘是古代宫廷和民间皆喜食用的面食，《唐六典》中有“太宫令夏供槐叶冷淘”的记载，杜甫曾在《槐叶冷淘》一诗中写道：“青青高槐叶，采掇付中厨。新面来近市，汁滓宛相俱。入鼎资过熟，加餐愁欲无。碧鲜俱照箸，香饭兼苞芦。经齿冷于雪，劝人投此珠。”

2017年6月17日

丁酉年五月廿三　星期六

十七

2017年6月18日

丁酉年五月廿四　星期日

十八

明　剔红桂花纹圆盒

此盒为蔗段式，盖面雕折枝桂花，盒壁雕回字纹。

食桂之俗

桂花，是中国传统十大名花之一，色美气芳，食之亦别具风味。中国古代认为桂树有延年益寿之效用，许慎《说文解字》云："桂，江南木，百药之长。"道教神化桂花，认为食桂可以使人长生不老。葛洪《抱朴子》云食之"七年，能步行水上，长生不死也"。桂花可以掺入茶中，称为"桂花茶"；桂花酿成的酒，称为"桂花酒"；桂花还可以制成酱，清宫后妃颇喜食用。

2017年6月19日

丁酉年五月廿五　星期一

十九

2017年6月20日

丁酉年五月廿六　星期二

廿日

清　恽寿平 《山水花鸟图》册之菊花

此图临自北宋画家赵昌画作，
所绘各色菊花争奇斗艳。
左侧为作者自题诗——
黄鹅初试舞衣裳，耐得秋寒斗晓妆。
一片绿涛云五色，更疑岩电起扶桑。

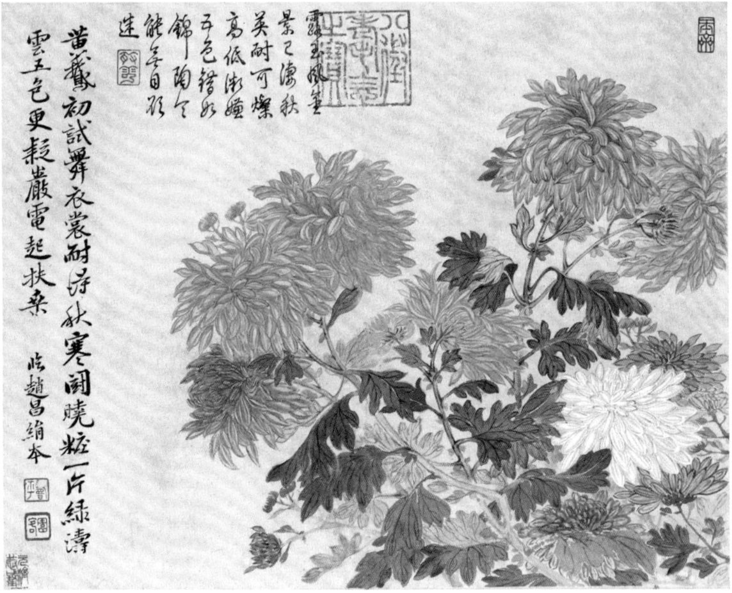

菊花酒

中国古代有重阳节饮用菊花酒的习俗。《风土记》云："汉武帝宫人贾佩兰九日佩茱萸、饮菊花酒，令人长寿。"菊花酒有用鲜菊酿制的，《西京杂记》云："菊花舒时，并采茎叶，杂黍米酿之，至来年九月九日始熟，就饮焉，故谓之菊花酒。"还可用干菊酿酒，以保证酒的清澈。《月令广义》记载其法："黄菊晒干，用瓮盛酒一斗，菊花二两，以生绢袋悬于酒面上，约离一指高，密封瓮口，经宿去袋，酒有菊香。"

2017年6月21日

丁酉年五月廿七　星期三

夏至

2017年6月22日

丁酉年五月廿八　星期四

廿二

清　蒋廷锡《花卉图》册之菊花

此图绘两株菊花越石而开，
其淡雅幽远之气仿似从纸面直达眼前。
右下角题诗——
清霜下篱落，佳色散花枝。
载咏南山句，幽怀不自持。

食菊成仙

菊花，又名“长寿花”“寿客”“黄华”等，是中国传统十大名花之一。中国古代食用菊花之俗渊源有自。屈原《离骚》云：“朝饮木兰之坠露兮，夕餐秋菊之落英。”古人相信修道时食用菊花有助于成仙。《神仙传》说：“康风子服甘菊花、柏实散，乃得仙。”《名山记》说：“道士朱孺子服菊草，乘云升天。”菊花开在秋季，这种抵御寒冷的能力应是人们迷信其延年之效的原因。《本草纲目》云：“菊，春生夏茂，秋花冬实，备受四气，饱经露霜，叶枯不落，花槁不零，味兼甘苦，性禀平和。”

2017年6月23日

丁酉年五月廿九　星期五

廿三

2017年6月24日

丁酉年六月初一　星期六

廿四

清　青玉竹节杯

此杯用新疆和田青白玉琢成。
杯身呈竹节筒状，琢成一定弧度，
双面皆雕竹节、竹叶，
杯侧镂雕弯曲的竹节和一片竹叶作为杯柄。

送仲焕入颍诗

宋　许景衡

好个石城无分到，问君此去意如何。
一江春水竹叶酒，万点青山佛髻螺。
闻道楚宫俱泯灭，只应郢邑亦疑讹。
直须索取图经看，莫只听他白雪歌。

2017年6月25日

丁酉年六月初二　星期日

廿五

2017年6月26日

丁酉年六月初三　星期一

廿六

清　蒋廷锡《花卉图》册之梅花

此图绘梅枝恣意伸展却不失美感，
梅花以墨笔圈线为瓣，简率天然，
可谓“自然恰合，风神生动，意度堂堂”。

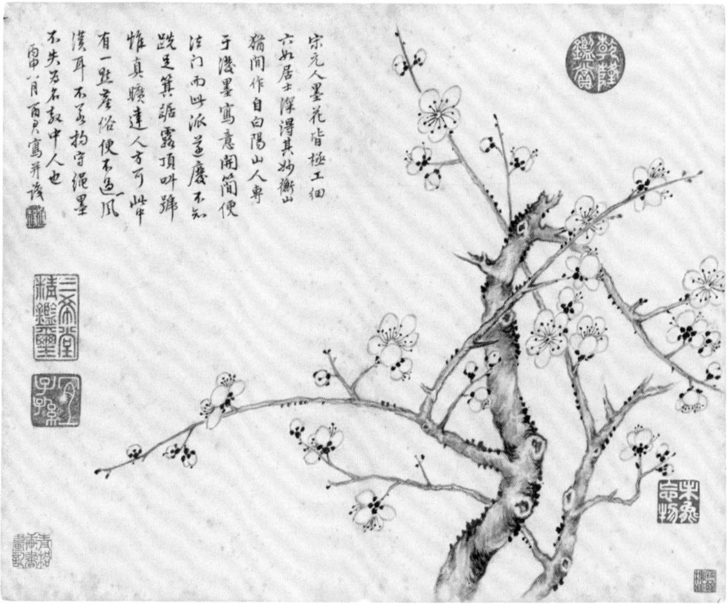

梅花汤饼

“凡以面为食具者，皆谓之饼。”汤饼，就是用水煮的面食。宋人林洪在其美食著作《山家清供》中记述了一道山居隐士制作的美食——梅花汤饼，应是一道风雅、美味的面片汤。做法如下：“泉之紫帽山，有高人尝作此供。初浸白梅、檀香末水，和面作馄饨皮。每一叠，用五出铁凿如梅花样者凿取之。候煮熟，乃过于鸡清汁内，每客上二百余花。”

2017年6月27日

丁酉年六月初四　星期二

廿七

2017年6月28日

丁酉年六月初五　星期三

廿八

宋　马麟
《层叠冰绡图》轴

马麟，马远之子，
南宋宫廷画家。
此图绘一俯一仰两枝绿萼梅。
梅枝细劲，梅花如冰似玉，
正合杨皇后题字
“层叠冰绡”之意。
正上方为杨皇后题诗——
浑如冷蝶宿花房，
拥抱檀心忆旧香。
开到寒梢尤可爱，
此般必是汉宫妆。

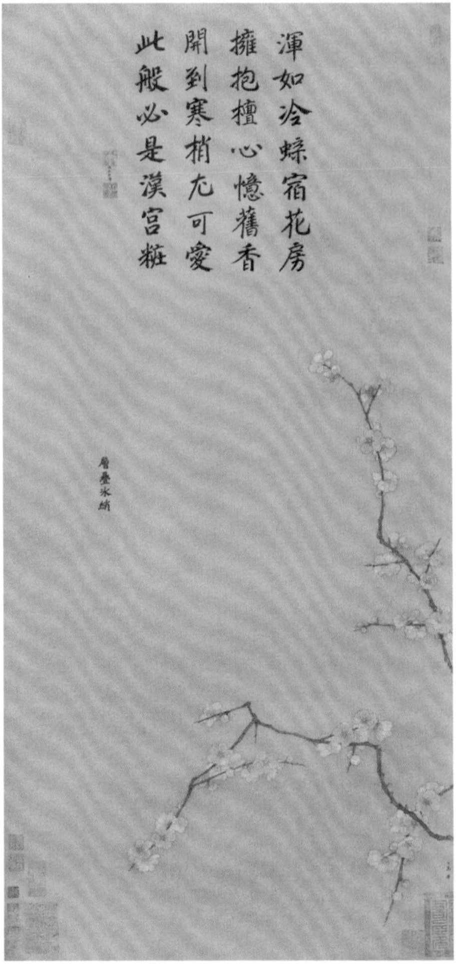
渾如泠蜨宿花房
擁抱檀心憶舊香
開到寒梢尤可愛
此般必是漢宮粧
層疊冰綃

嗜梅成痴杨万里

宋代诗人杨万里甚喜吃梅花，他一生写了两百多首咏梅的诗作，其中不乏其餐食梅花的心得。“晚蕊收将熬粥吃，落英仍好当香烧。”他不仅用梅花熬粥，还爱生吃梅花。或用蜜渍，“瓮澄雪水酿春寒，蜜点梅花带露餐”。或用糖拌，“予取糖霜，芼以梅花食之，其香味如蜜渍青梅，小苦而甘”。“赣江压糖白于玉，好伴梅花聊当肉。”

2017年6月29日

丁酉年六月初六　星期四

廿九

2017年6月30日

丁酉年六月初七　星期五

卅日

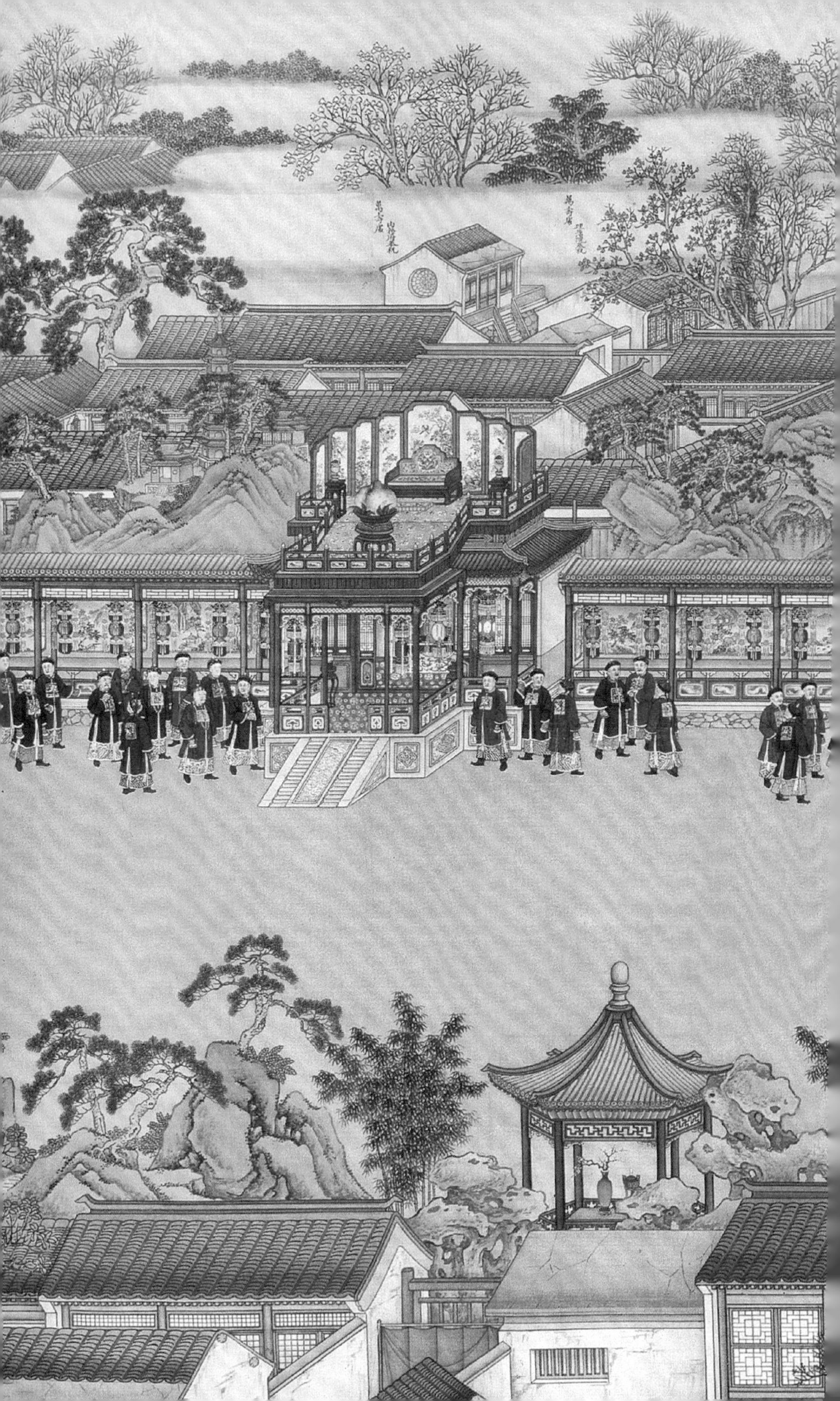

七月

鲜果嘉实

走进果园，
品尝大自然的甘甜；
翘首枝上，
轻嗅丰收季的馨香。

清　铜镀金嵌料石葵花式果盒

此盒呈葵花式，通体錾刻缠枝纹，
镶嵌红、蓝、绿玻璃料石，熠熠生辉。
用于盛放干鲜果品。

康熙帝论吃水果

康熙帝特别注重膳食保健，主张吃应季鲜果。《庭训格言》记载："诸样可食果品，于正当成熟之时食之，气味甘美，亦且宜人。如我为大君，下人各欲尽其微诚，故争进所得初出鲜果及菜蔬等类，朕只略尝而已，未尝食一次也，必待其成熟之时始食之。此亦养身之要也。"在外巡幸时，有地方官民进献特产，他也只取"果一枚"，从不贪多。

2017年7月1日

丁酉年六月初八　星期六

一日

2017年7月2日

丁酉年六月初九　星期日

二日

清　彩绘玻璃果供

此件果供是在无色玻璃内壁上彩绘桃子、石榴、草莓、
鸭梨、山楂、李子、佛手等水果，代替真实的鲜果供奉于佛前。
色彩鲜艳可爱，质地莹润光洁，烧造于乾隆年间。

离乱后寄九峰和尚二首（其一）

唐　贯休

乱后知深隐，庵应近石楼。异香因雪歇，仙果落池浮。

诗老全抛格，心空未到头。还应嫌笑我，世路独悠悠。

2017年7月3日

丁酉年六月初十　星期一

三日

2017年7月4日

丁酉年六月十一　星期二

四日

清　青花枇杷绶带鸟纹花口盘

此盘口径达 51.2 厘米，正中绘一只绶带鸟立于枇杷枝上，
正回首啄食枇杷果，动态十足。
内壁绘石榴、桃实、荔枝、枇杷等水果，
菱花式口沿面上饰缠枝莲花纹；
外壁绘折枝菊花，
外口沿饰海水江崖纹。

枇杷与琵琶

水果枇杷与乐器琵琶同音，时常被人误写。清代文学家褚人获在《坚瓠集》中就记载了相关趣事。明代画家沈周收到一奁枇杷，奁笺上误写成“琵琶”，沈周答书云：“承惠琵琶，开奁视之，听之无声，食之有味，乃知司马挥泪于江干，明妃写怨于塞上，皆为一啖之需耳。嗣后觅之，当于杨柳晓风、梧桐夜雨之际也。”沈周借用白居易《琵琶行》和王昭君“千载琵琶作胡语”之典故，调侃了写错字的友人。

2017年7月5日

丁酉年六月十二　星期三

五日

2017年7月6日

丁酉年六月十三　星期四

六日

清　宜兴窑紫砂粉彩百果壶

此壶以紫砂为内胎，外满绘粉彩山水亭阁、高士泛舟，
并缀饰百果——菱角做柄，藕节做流，香菇做盖，次生的小菇做钮，
肩部塑板栗、花生、西瓜子、葵花子等干果及红豆、黄豆，
底部塑莲蓬、核桃、白果、红枣等为支撑。

臞庵（其一）

宋　何偁

多羡王居士，心闲事事幽。
山从天末见，江近枕边流。
春圃千葩秀，霜林百果收。
更能穷物理，濠上看鱼游。

2017年7月7日

丁酉年六月十四　星期五

小暑

2017年7月8日

丁酉年六月十五　星期六

八日

明　剔彩林檎双鹂纹圆盒

此盒通体雕彩漆纹饰，
盖面雕两只黄鹂立于林檎树枝头，
枝上果实累累，
有蝴蝶、蜻蜓飞舞枝畔。
上下斜壁雕折枝花果纹，
有石榴、葡萄、樱桃等。
直壁雕缠枝花卉纹，
有牡丹、茶花、栀子花、菊花等。

掷果盈车

南朝宋刘义庆《世说新语》云："潘岳妙有姿容，好神情。少时挟弹出洛阳道，妇人遇者，莫不连手共萦之。"南朝梁刘孝标注引《语林》曰："安仁至美，每行，老妪以果掷之满车。"潘岳，字安仁，世称潘安，曾为河阳令，以貌美闻名于世。他少时每每乘车出游，都会有女子手拉手将他的车围住，并向车上投果子，以示爱慕。潘安的车子总是满载果子而归。"掷果盈车"遂成为形容女子对男子有爱慕之情的成语。

2017年7月9日

丁酉年六月十六　星期日

九日

2017年7月10日

丁酉年六月十七　星期一

十日

明　沈藻《橘颂》卷

沈藻，字仲藻，又字凝清，沈度之子。
其书温婉圆厚，颇有乃父之风。此卷为其楷书屈原《橘颂》。
《橘颂》是中国诗歌史上的第一首咏物诗，
屈原借物抒志，以物写人，表达了对祖国的热爱。

渡江之橘

晏子出使楚国，楚王设宴款待他。正酒酣处，两个小吏绑缚一人上前，说这个人是个小偷，是个齐国人。楚王故意羞辱晏子，说:“齐人固善盗乎？”晏子不卑不亢地回答说：“婴闻之，橘生淮南则为橘，生于淮北则为枳，叶徒相似,其实味不同。所以然者何？水土异也。今民生长于齐不盗,入楚则盗,得无楚之水土使民善盗耶？”其实，橘和枳是两种植物，只是先秦时人们以为是同一种植物因环境不同而结出了不同的果子。

2017年7月11日

丁酉年六月十八　星期二

十一

2017年7月12日

丁酉年六月十九　星期三

十二

清　胭脂红珐琅圆盘染牙桃实果盘

此果盘原名为“绥山福永象牙蟠桃大盆景”，
是乾隆帝于崇庆皇太后六十圣寿时进献的礼物。
盘中桃实与枝叶皆为象牙质地。

桃与寿

在史前时期，人类长期通过采集野生果蔬为食，桃便是当时常见的果实。桃不仅可以果腹，而且有益健康，于是渐渐产生了相关的神仙故事。相传，桃树是夸父的手杖所化。《神异经·东荒经》云：“东方有树……名曰桃。其子……令人益寿。”《幽明录》和《搜神记》中也都记载了食桃成仙的故事。汉魏时期，更有东方朔偷食西王母仙桃的故事广为流传。仙桃三千年一开花，三千年一结果，有令人长生的奇效。由此，桃被赋予长寿寓意。

2017年7月13日

丁酉年六月廿日　星期四

十三

2017年7月14日

丁酉年六月廿一　星期五

十四

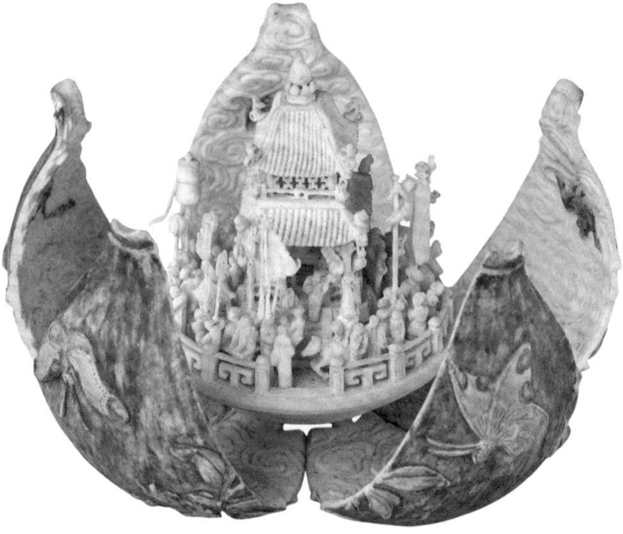

清　象牙雕榴开百戏

外壁染色雕石榴、花枝，及两只蝴蝶翩飞。底部以活榫相连，可以开合，石榴内正中有一圆台，上雕两层楼阁，阁内外微雕许多人物，或观景，或倾谈，还有杂耍百戏。内壁雕蝙蝠云纹。

石榴

唐　李商隐

榴枝婀娜榴实繁，榴膜轻明榴子鲜。
可羡瑶池碧桃树，碧桃红颊一千年。

2017年7月15日

丁酉年六月廿二　星期六

十五

2017年7月16日

丁酉年六月廿三　星期日

十六

清　铜镀金松篷果罩

果罩是用来摆放鲜果的盛器。此件果罩主体形状为一个六边形的亭子，仰覆莲座上为饰有12只金凤的围栏，其上连接顶部的六根柱子采用了六组双龙捧珠。顶部以绿色丝线编织而成的松枝为装饰，寓意长寿。

清宫中的果房

清宫中掌管干鲜果品的机构为果房，隶属于内务府掌仪司。设掌果2人，副掌果2人，司果执事12人，负责祭祀、筵宴及宫内所需各种果品的供应。在紫禁城内廷东六宫之东的内库房区域，有一处专司收贮果品的南果房，位于缎库、茶库之后，有正房5间，东西配房各3间，后群房10间，东西耳房各两间，均为硬山黄琉璃瓦顶。

2017年7月17日

十七

丁酉年六月廿四　星期一

2017年7月18日

十八

丁酉年六月廿五　星期二

宋　林椿 《果熟来禽图》

此图绘有一只小鸟栖在林檎树枝上。图中果实累累、粉嫩喜人；树叶描绘得极其工细，连虫蚀的痕迹都颇为清晰；小鸟翘尾挺胸，作势欲飞，生动可爱。

苹果小史

苹果在中国已有2000多年的栽培史。根据品种的差异，古人称之为柰和林檎，这个称法至今仍保留在日语里。唐以后，一种叫“频婆果”的苹果出现在人们的食单中。频婆果的名称源自佛经，“苹果”的名字是频婆果的简称。今天国人吃到的苹果主要是从西方引进的品种，虽然仍叫苹果，但与历史上的苹果品种已相差远矣。

2017年7月19日

丁酉年六月廿六　星期三

十九

2017年7月20日

丁酉年六月廿七　星期四

廿日

清　玛瑙蜜枣形鼻烟壶

此件鼻烟壶状似一枚金丝蜜枣，色泽红中泛金，
外皮上满饰阴刻条纹，并雕枣花作为装饰。盖为绿料质地。

说枣

枣的食用，已有七八千年的历史。河南新郑裴李岗、浙江余姚河姆渡等多处新石器时代遗址中，皆出土了野生枣核。迟至汉代，人们已经将枣制成果脯食用。在马王堆汉墓中，不仅出土了许多枣核和保存完整的枣果，而且在竹简上还有“枣脯一笥”的字样。《太平御览》中还记载了关于枣的一桩趣事。东晋权臣王敦到巨富石崇家做客，在如厕时见到一箱干枣，就都吃光了，惹得侍婢嘲笑。原来，这枣是用来塞鼻孔的。只是不知制作此件鼻烟壶的匠人是否参考了这桩趣谈，聊博王公一笑。

2017年7月21日

丁酉年六月廿八　星期五

廿一

2017年7月22日

丁酉年六月廿九　星期六

大暑

清　红地描金粉彩干果高足盘

盘敞口，弧壁，瘦底，下承以喇叭状中空高足。
盘内摆放与盘连烧在一起的粉彩果品，中间为一蜜柑式盒，
周围有核桃仁、桑葚、樱桃、荸荠、石榴、桔子、枣、白果等。

摘果

宋　李昭玘

霜静百果熟，采摘将荐新。贮之黄金盘，绚烂如星陈。
苞滕待嘉客，培溉昔已勤。君子务种德，所成非一身。
公家有令恩，饤坐多惊人。累累万石富，长笑木奴贫。

2017年7月23日

丁酉年闰六月初一　星期日

廿三

2017年7月24日

丁酉年闰六月初二　星期一

廿四

清　犀角花果纹尖底杯

此杯以亚洲犀角随形雕成，浮雕、镂雕相结合，通体以葡萄、桃实、石榴等花果纹为装饰，寓意多子多寿。

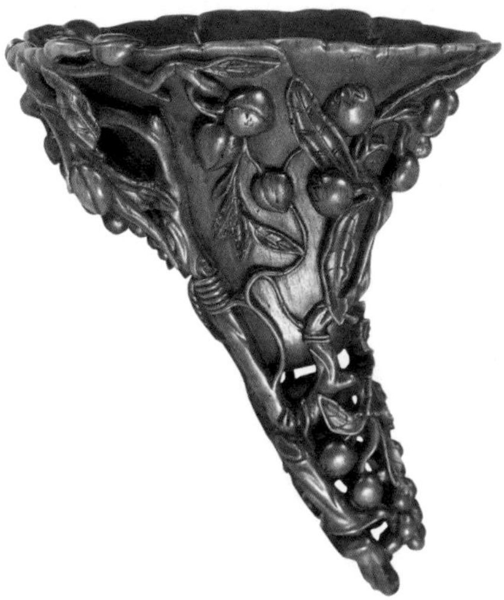

葡萄

宋　孔武仲

万里殊方种，东随汉节归。
露珠凝作骨，云粉渍为衣。
柔绿因风长，圆青带雨肥。
金盘堆马乳，樽俎为增辉。

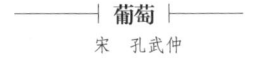

2017年7月25日

丁酉年闰六月初三　星期二

廿五

2017年7月26日

丁酉年闰六月初四　星期三

廿六

清　刺绣乾隆临蔡襄《荔枝谱》卷

蔡襄，字君谟，北宋著名书法家，
其所书《荔枝谱》是现存最早的介绍荔枝的专著。
此卷为乾隆帝临摹蔡襄所书《荔枝谱》，复以斜缠针绣成，
尽显蔡氏书风的端庄稳健，又不乏乾隆帝书法的温婉秀丽。

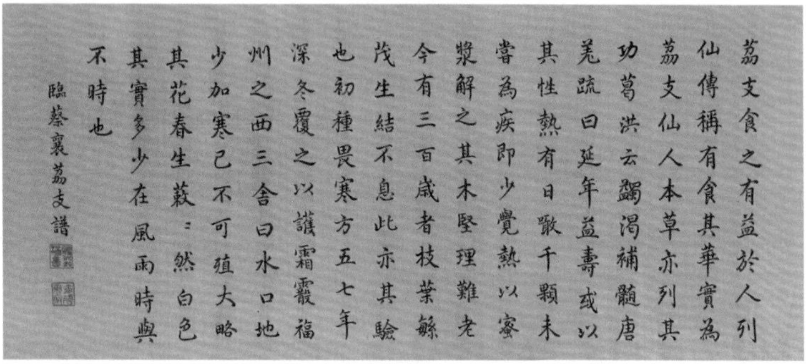
荔支食之有益於人列
仙傳稱有食其華實為
荔支仙人本草亦列其
功葛洪云蠲渴補髓唐
羌疏曰延年益壽或以
其性熱有日啖千顆未
嘗為疾即少覺熱以蜜
漿解之其木堅理難老
今有三百歲者枝葉繁
茂生結不息此亦其驗
也初種畏寒方五七年
深冬覆之以護霜霰福
州之西三舍曰水口地
少加寒已不可殖大略
其花春生蔌〻然白色
其實多少在風雨時與
不時也
臨蔡襄荔支譜

题郡中荔枝诗十八韵兼寄万州杨八使君

唐　白居易

奇果标南土，芳林对北堂。素华春漠漠，丹实夏煌煌。
叶捧低垂户，枝擎重压墙。始因风弄色，渐与日争光。
夕讶条悬火，朝惊树点妆。深于红踯躅，大校白槟榔。
星缀连心朵，珠排耀眼房。紫罗裁衬壳，白玉裹填瓤。
早岁曾闻说，今朝始摘尝。嚼疑天上味，嗅异世间香。
润胜莲生水，鲜逾橘得霜。燕支掌中颗，甘露舌头浆。
物少尤珍重，天高苦渺茫。已教生暑月，又使阻遐方。
粹液灵难驻，妍姿嫩易伤。近南光景热，向北道途长。
不得充王赋，无由寄帝乡。唯君堪掷赠，面白似潘郎。

2017年7月27日

丁酉年闰六月初五　星期四

廿七

2017年7月28日

丁酉年闰六月初六　星期五

廿八

明　青玉荔枝纹匜

青色质地，杂有紫红色浸斑。
腹部阴线刻折枝荔枝纹，侧面有一镂雕的龙形柄。
此器器型仿商周青铜匜。
匜与盘配套使用，以行盥沃之礼，原为盛水器和盥洗器，
此件玉匜应被当作弄器或盛酒器。

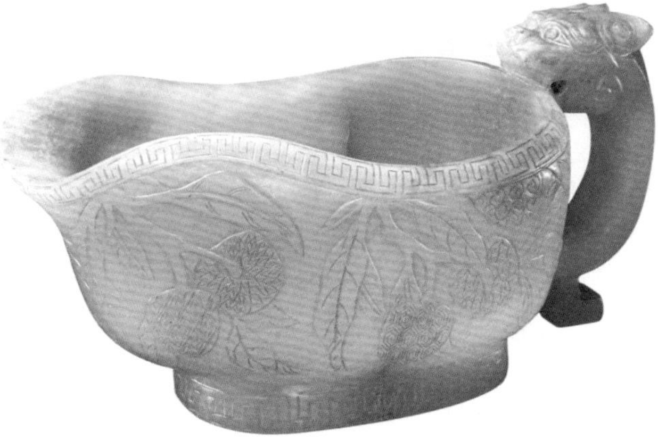

雍正帝赐荔枝

由于产地较远和难于保鲜，荔枝在紫禁城内属于稀罕的水果。清代皇帝通常把赏赐荔枝作为拉拢近臣的手段。雍正帝就曾通过官方驿站给年羹尧千里送去四颗荔枝——“鲜荔枝最难待时。今因六天驿程，或者到来亦未可知，所以撞造化，给你带来，到时不知如何。鲜荔枝不得教你尝尝，朕不如意，所以勉强寄来。或因朕加恩之诚，鲜好到来，亦未可定。”偏巧耽搁了路程，九天后年羹尧才收到荔枝。他回信说：“竟有一枚颜色、香味丝毫未动。”自己“东望九叩，默座顶礼，而后敢以入口也”。

2017年7月29日

丁酉年闰六月初七　星期六

廿九

2017年7月30日

丁酉年闰六月初八　星期日

卅日

清　宜兴窑名家款干果九品

清朝紫砂仿生技艺精湛，几可乱真。
此组干果共九品，包含紫砂名工徐鼎款的干枣、栗子、山核桃，徐艳款的菱角、核桃等，无款的杏核、花生、蚕豆。

撒帐果

中国古代婚礼中有一项撒帐风俗。据《事物纪原》记载，撒帐始于汉武帝。“李夫人初至，帝迎入帐中共坐，欢饮之后，预戒宫人遥撒五色同心花果，帝与夫人以衣裾盛之，云得果多，得子多也。”唐代，撒帐用特制的钱币。明代，则尽用果实。常见的撒帐果实有枣、栗子、花生、荔枝、桂圆等，谐音寓意“早立子”或“早生贵子”。

2017年7月31日

卅一

丁酉年闰六月初九　星期一

八月 金玉满堂

美食美器，色香味更美。
金玉满堂，富贵又吉祥。

清　银錾花鎏金葫芦形执壶

壶身为葫芦形，兽首曲流，如意柄，
通体錾刻缠枝莲纹，莲花凸起，金色耀目，颇显天家富贵。

美食与美器

袁枚在《随园食单·器具须知》中阐述了对饮食所用器具的观点。“古语云‘美食不如美器’，斯语是也。然宣、成、嘉、万窑器太贵，颇愁损伤，不如竟用御窑，已觉雅丽。惟是宜碗者碗，宜盘者盘，宜大者大，宜小者小，参错其间，方觉生色。若板板于十碗八盘之说，便嫌笨俗。大抵物贵者器宜大，物贱者器宜小；煎炒宜盘，汤羹宜碗；煎炒宜铁锅，煨煮宜砂罐。”

2017年8月1日

丁酉年闰六月初十　星期二

一日

2017年8月2日

丁酉年闰六月十一　星期三

二日

清　和田白玉错金银嵌宝石碗

此碗是乾隆帝御用奶茶碗。
腹内壁有阴文楷书乾隆帝御制诗一首——
酪浆煮牛乳，玉碗凝羊脂。御殿威仪赞，赐茶恩惠施。
子雍曾有誉，鸿渐未容知。论彼虽清矣，方斯不中之。
巨材实艰致，良匠命精追。读史浮大白，戒甘我弗为。

乾隆帝用错典故（一）

乾隆帝御制诗中用错了两处典故。“子雍曾有誉”句下注“王肃酪奴事”。王肃，字恭懿，初为齐官，后归北魏。他刚抵魏时，不食羊肉和酪浆，数年后却食羊肉、酪浆甚多。孝文帝问他缘故，他说：“羊比齐鲁之大邦，鱼比邾莒之小国，唯茗饮不中与酪浆作奴。”而“子雍”是三国时魏将王肃的字，魏国的王肃生平并无“酪奴事”，乾隆帝将两个王肃混淆了。

2017年8月3日

丁酉年闰六月十二　星期四

三日

2017年8月4日

丁酉年闰六月十三　星期五

四日

清　和田白玉错金银嵌宝石碗

和田白玉质地，
外壁以108颗红宝石拼镶成梅花图案，
花瓣轮廓及枝叶皆由金片镶嵌而成。

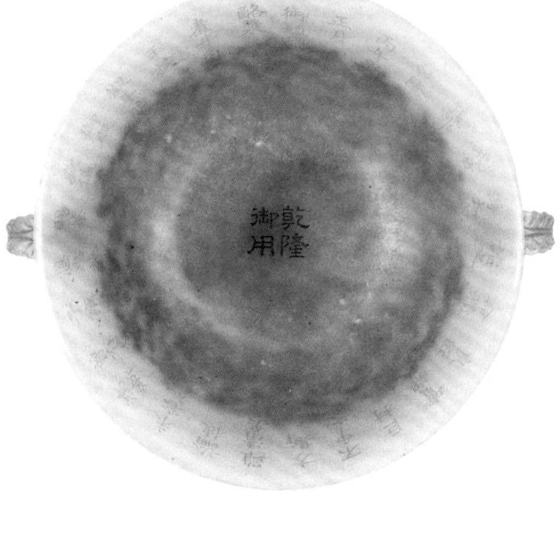

乾隆帝用错典故（二）

“读史浮大白”句下原注：“用苏东坡（苏轼，北宋文学家）事，大白或亦玉碗耳……”据《佩文韵府》，“读史浮大白”者，本指苏子美（苏舜钦，北宋诗人）。他夜读《张良传》，读到张良刺杀秦始皇不中，遂拂袖而起，满饮一大杯酒。所以，喜好在诗文中引经据典的乾隆帝再一次混淆历史人物，致使一首诗中竟出现两处用典错误。

2017年8月5日

丁酉年闰六月十四　星期六

五日

2017年8月6日

丁酉年闰六月十五　星期日

六日

清　画珐琅开光山水花鸟图盖碗

盖顶铜镀金錾花莲瓣、蕉叶纹，
铜镀金双龙耳，下置掐丝珐琅垂云式四足圆座。
碗外壁一周做云头式开光八个，
内绘喜鹊登梅、胭脂红色山水图等。

一日两餐

先秦时期实行一日两餐制。辰时（7点到9点）是早饭时间，也叫“食时”“朝食”“蚤食”“饔”。申时（15点到17点）是晚饭时间，又称“晡”“筛食”“飧”。《孟子·滕文公上》云：“贤者与民并耕而食，饔飧而治。”东汉赵岐注曰：“饔飧，熟食也，朝日饔，夕日飧。”两餐的饭量是不同的，为了给一天劳作、学习供应能量，早餐通常吃得多一些，称作“大食”；相对地，晚饭吃得少些，称作“小食”。

2017年8月7日

丁酉年闰六月十六　星期一

立秋

2017年8月8日

丁酉年闰六月十七　星期二

八日

清　金漆“万寿无疆”山水楼阁图罩盒

此盒呈桃形，
盖面绘山水楼阁图，
局部贴金箔、描红漆为饰。
盒内为四个小盒，
盖面贴金箔字“万寿无疆”。

明穆宗买果饼

据《万历野获编补遗》，刚登基不久的明穆宗，有一天忽然想吃干果、点心等小零食。尚食监及甜食房各开买办松、榛、粻粻（应指米饼之类的点心）等，说这些零食价值数千金。明穆宗笑着说：“此饼只需银五钱，便于东长安大街勾阑胡同买一大盒矣，何用多金？”原来明穆宗当皇子时经常微服出行，熟知民间物价，根本不受内臣的蒙蔽。

2017年8月9日

丁酉年闰六月十八　星期三

九日

2017年8月10日

丁酉年闰六月十九　星期四

十日

清　剔红飞龙纹宴盒

此盒盖面正中雕飞龙托举一个“圣”字，
左右为“辅”“弼”二字和两条飞龙。
盖四壁中间安装铜镀金丝网，可从外看到盒内情景。
此盒用以盛装万寿无疆珐琅碗。

调味之祖易牙

易牙又名狄牙、雍巫，是春秋时期专为齐桓公料理饮食的雍人。易牙的味觉特别灵敏。据《吕氏春秋》载，淄水和渑水两条河流里的水混合起来，易牙竟能尝出两种不同的味道。易牙在烹饪时善于调味。王充《论衡》云：“狄牙之调味也，酸则沃之以水，淡则加之以咸，水火相变易，故膳无咸淡之失也。”齐桓公在品尝过易牙献上的美食后，曾赞叹说：“后世必有以味亡其国者。”

2017年8月11日

丁酉年闰六月廿日　星期五

十一

2017年8月12日

丁酉年闰六月廿一　星期六

十二

清　白玉羊首提梁茶壶

此壶为嘉庆皇帝的御用茶壶。
白玉质，壶体及盖、钮均作瓜棱状，
腹部一侧凸雕羊首为流，肩部接三柄如意形铜胎掐丝珐琅提梁。

李仲求寄建溪洪井茶七品云愈少愈佳未知尝何如耳因条而答之

宋　梅尧臣

忽有西山使，始遗七品茶。末品无水晕，六品无沉柤。
五品散云脚，四品浮粟花。三品若琼乳，二品罕所加。
绝品不可议，甘香焉等差。一日尝一瓯，六腑无昏邪。
夜枕不得寐，月树闻啼鸦。忧来唯觉衰，可验唯齿牙。
动摇有三四，妨咀连左车。发亦足惊疏，疏疏点霜华。
乃思平生游，但恨江路赊。安得一见之，煮泉相与夸。

2017年8月13日

丁酉年闰六月廿二　星期日

十二

2017年8月14日

丁酉年闰六月廿三　星期一

十四

元　银镀金錾花双凤穿花玉壶春瓶

此瓶银胎，玉壶春瓶式样，
錾刻双凤穿花纹饰，
上覆金水以凸显花纹，格外耀眼。

《诗经》雅令

明清两朝的酒席上流行用《诗经》中的句子行雅令。《两般秋雨庵随笔》中记载了这样一种雅令：行令者须用《诗经》里的两句四言诗句合成为一种花卉，这种花卉必须是并头、并蒂或连理。例如：宜尔子孙，男子之祥（隐指宜男，为并头花）；驾彼四牡，颜如渥丹（隐指牡丹，为并蒂花）；不以其长，春日迟迟（隐指长春，为连理花）。

2017年8月15日

丁酉年闰六月廿四　星期二

十五

2017年8月16日

丁酉年闰六月廿五　星期三

十六

清　玛瑙光素茶碗

此茶碗配有几形木座，原贮存于乾清宫，为雍正帝御用。
白色玛瑙中带有黄、黑色花斑，
间有条带状纹路，造型简朴，浑然天成。

天香台

元　陈樵

牡丹百本新栽培，累日为筑天香台。春风三月花信足，深红艳紫参差开。
五色卿云色纷郁，九苞舞凤毛毶毶。也知东皇爱妩媚，何须羯鼓声相催。
蔗浆初冻玛瑙碗，酒痕微污玻璃杯。双成未逐阿母去，弄玉却伴箫仙回。
还忆开元天宝时，沉香亭北君王来。霓旌翠节导雕辇，绣帷绮幄围香埃。
倚栏只许妃子并，徵歌或诏词臣陪。陈迹如今安在哉，风雨满地唯苍苔。
相传尚有清平乐，翰林供奉真仙才。

2017年8月17日

丁酉年闰六月廿六　星期四

十七

2017年8月18日

丁酉年闰六月廿七　星期五

十八

清　画珐琅山水花鸟西洋式提梁壶

此壶为铜胎镀金，壶身呈八棱形，
开光上各绘饰山水、花鸟图，颈、盖上均饰以花卉纹。
壶下置铜镀金架，置一八棱小盒，作加热之用。

以茶代酒

在酒席上，经常有不善饮酒者说“以茶代酒，不成敬意”。其实，“以茶代酒”已经有近两千年的历史了。据《三国志》记载，东吴四朝重臣韦曜的酒量只有二升，孙皓宴请群臣时特准他以茶代酒。有时，以茶代酒还是一种风雅。宋杜耒在《客至》诗中道：“寒夜客来茶当酒，竹炉汤沸火初红。寻常一样窗前月，才有梅花便不同。”

2017年8月19日

丁酉年闰六月廿八　星期六

十九

2017年8月20日

丁酉年闰六月廿九　星期日

廿日

清　金錾花八宝龙纹餐具（一套）

此套餐具共六件，包括单耳杯、杯托、碟、叉、匙、箸，足赤金质地，皆錾刻八宝纹、龙纹，是民间金店为宫廷定制。

说筷子

筷子是最具中国特色的餐具之一。筷子，本名“箸”。《菽园杂记》云：“民间俗讳，各处有之，而吴中为甚。如舟行讳‘住’，讳‘翻’。以‘箸’为‘块儿’，‘幡布’为‘抹布’。”筷子至迟在商代已经被发明出来了。据《韩非子》，箕子见到商纣王使用象牙箸而预见了亡国。《礼记·曲礼》云：“饭黍毋以箸。”可见，商周时期的箸是用来夹菜的，而非用来吃饭。

2017年8月21日

廿一

丁酉年闰六月卅日　星期一

2017年8月22日

廿二

丁酉年七月初一　星期二

清　银胎绿珐琅嵌宝石玻璃把碗

此碗是六世班禅为祝贺乾隆帝七十万寿圣节进献的礼品，
为佛教供器，用于盛放干果或五谷等。
此碗银胎，底接柱形高足，下配鼓形碗托，托下为圆盘，
盘下为喇叭形座，碗和托可拆合。
通体以红宝石为花瓣及叶，玻璃为花蕊，色彩鲜艳、绚丽夺目。

孔子的13个“不食”

《论语·乡党》中记录了孔子的饮食态度，特别提出了他的13个“不食”。“食饐而餲，鱼馁而肉败，不食。色恶，不食。臭恶，不食。失饪，不食。不时，不食。割不正，不食。不得其酱，不食。肉虽多，不使胜食气。唯酒无量，不及乱。沽酒市脯，不食。不撤姜食。不多食。”“祭肉不出三日，出三日，不食之矣。”

2017年8月23日

丁酉年七月初二　星期三

处暑

2017年8月24日

丁酉年七月初三　星期四

廿四

清　青玉填金百寿字盖碗

此碗外壁及盖顶阴刻填金 200 个篆书寿字，
盖顶饰一周覆莲纹，近足处饰一周仰莲纹，相互呼应。

刘攽戏说姜

据《东坡杂记》，王安石做学问想法很多，但总穿凿附会。一次，他和历史学家刘攽吃饭时说："孔子'不撤姜食'，这是为什么呢？"刘攽想嘲弄一下王安石，就说："《本草》中讲，生姜吃多了有损智力。愚民更易治理。孔子要用道教化人民，'不撤姜食'就是为了让人民更加愚笨。"王安石信以为真，过了好久才知道被刘攽欺骗了。

2017年8月25日

丁酉年七月初四　星期五

廿五

2017年8月26日

丁酉年七月初五　星期六

廿六

清　掐丝珐琅团花纹菱花式火锅

此火锅为菱花形，上附錾刻镀金的提手和螭耳。
蓝色地锅身上饰红、黄、蓝、白等色团花纹。

慈禧太后的菊花火锅

德龄《御香缥缈录》曾详细记录了慈禧太后吃菊花火锅的步骤。菊花火锅选用的是一种叫做“雪球”的白菊花，须反复洗净后备用。慈禧太后有专门的火锅和配套的桌子，锅内盛装鸡汤或肉汤。慈禧太后喜食鱼肉，涮锅时常吃鱼肉片和鸡肉片。吃火锅时，先下肉片，煮五六分钟再放入白菊花，再等五分钟左右就可以食用了。

2017年8月27日

丁酉年七月初六　星期日

廿七

2017年8月28日

丁酉年七月初七　星期一

七夕

清　碧玉高柄杯

碧玉质，由杯体与柄足两部分构成。
杯体为钟铃倒置形，柄为葫芦形，
二者之间有一俯仰莲瓣形座，柄下为双层圆座。
此杯以藤蔓纹、葫芦纹以及莲纹等为主要纹饰。

茶酒论

敦煌遗书《茶酒论》讲述了一个茶与酒人格化后相互争功的故事。故事结尾处，人格化的水总结道："人生四大，地水火风。茶不得水，作何相貌？酒不得水，作甚形容？米曲干吃，损人肠胃。茶片干吃，只粝破喉咙。……由自不说能圣，两个何用争功？从今已后，切须和同。酒店发富，茶坊不穷。长为兄弟，须得始终。若人读之一本，永世不害酒颠茶疯。"

2017年8月29日

丁酉年七月初八　星期二

廿九

2017年8月30日

丁酉年七月初九　星期三

卅日

清　金胎画珐琅杯盘

此套杯、盘以黄金为胎。
杯两侧有金质卷草纹耳，杯身两面开光，内彩绘西洋妇女图。
盘口沿呈菱花式折边，内底中心凸起杯槽。
杯槽、内底和折边共 16 处画珐琅开光，
分别装饰花卉、西洋风景和仕女题材的图画。

感皇恩·寿范倅

宋　辛弃疾

七十古来稀，人人都道。不是阴功怎生到。松姿虽瘦，偏耐云寒霜晓。看君双鬓底，青青好。

楼雪初晴，庭闹嬉笑。一醉何妨玉壶倒。从今康健，不用灵丹仙草。更看一百岁，人难老。

丁酉年七月初十　星期四

卅一

九月

美瓷佳馔

中国是以瓷器为名的国度，
也是以美食享誉世界的国度。
当名窑美瓷遇上珍馐佳馔，
这才是舌尖上的中国味道。

宋　定窑白釉刻乾隆御制诗碗

宋代五大名窑中，定窑以主烧白瓷闻名于世。
此碗撇口，深弧腹，圈足。通体内外施灰白色釉。
口沿、足沿镶铜鎏金扣。
外壁刻乾隆五十五年(1790)御制诗一首,钤“会心不远”“德充符”印。

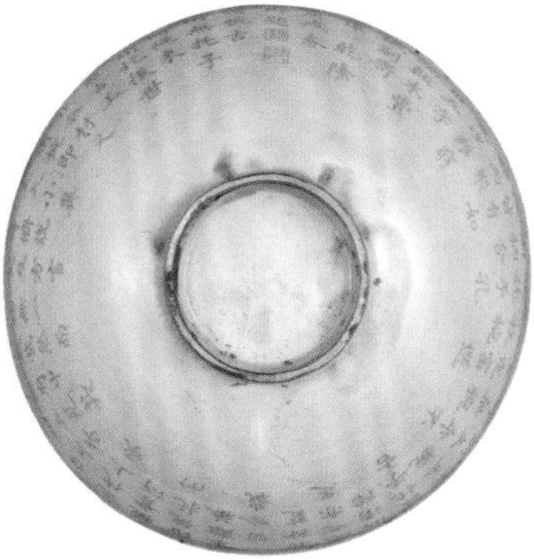

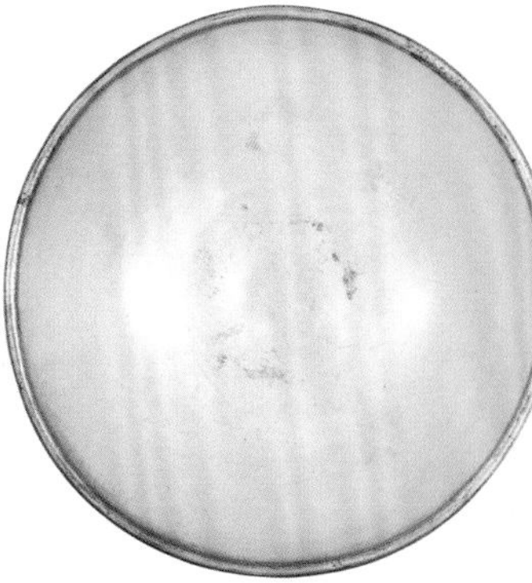

古玉碗托子配以定瓷碗适然成咏

清　爱新觉罗·弘历

谓碗古所无，托子何从来？谓托后世器，古玉非今材。又谓碗即盂，大小异等侪。说文及方言，初无一定哉。然而内府中，四五见其佳。玉胥三代上，承碗实所谐。碗托两未离，只一留吟裁。其余瓷配之，亦足供清陪。兹托子古玉，玉碗别久乖。不可无碗置，定窑选一枚。碗足托子孔，圆枘合以皆。有如离而聚，是理难穷推。五字纪颠末，丰城别寄怀。

2017年9月1日

丁酉年七月十一 星期五

一日

2017年9月2日

丁酉年七月十二 星期六

二日

宋　哥窑青灰釉菊瓣式盘

此盘呈 14 瓣菊花形，
弧腹，圈足。
通体施青灰色釉，
釉面开细碎片纹，
有黑黄两种颜色裂纹，
称“金丝铁线”。
足底无釉，露出黑色胎骨，
即所谓“铁足”。

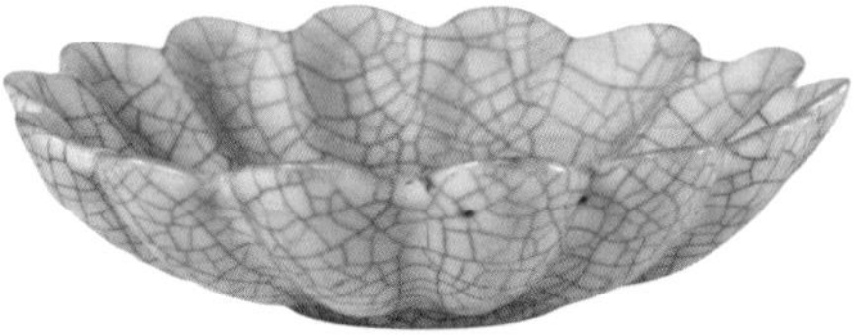

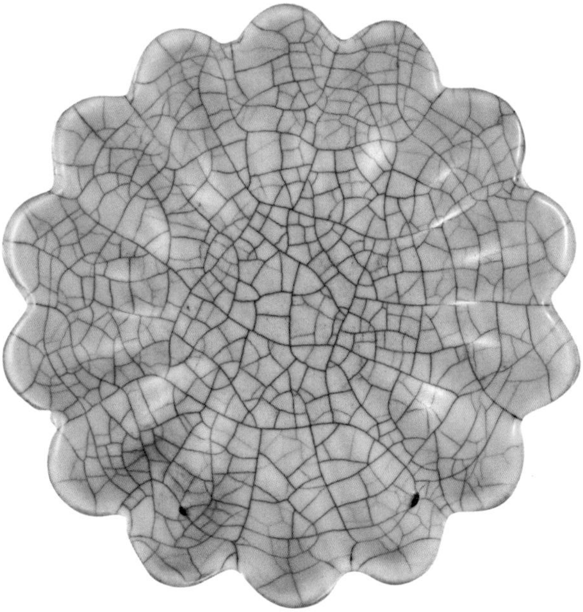

四司六局

在宋代民间，家中举办宴会时可请饭馆帮忙，提供“四司六局”专门服务。“四司”为：帐设司，专管饮宴厅堂的布置事宜，如帘幕、屏风、书画的摆设等；厨司，专管备料、烹调；茶酒司，专管茶茗、酒水和派坐迎送；抬盘司，专管托盘、出食、劝酒、接盏等事宜。“六局”为：果子局、蜜煎局、菜蔬局、油烛局、香药局、排办局。市面上还设有桌凳、食器、炊具的租赁商店，四五百人的大宴，当日即可办成。

2017年9月3日

丁酉年七月十三　星期日

三日

2017年9月4日

丁酉年七月十四　星期一

四日

宋　汝窑天青釉刻御制诗文碗

碗撇口，弧腹，圈足微外撇。
通体施天青色釉，釉面有细小开片纹。
外底有五个细小支钉，
并刻有乾隆帝御制诗——
秘器仍传古陆浑，只今陶穴杳无存。
却思历久因兹朴，岂必争华效彼繁。
口自中规非土匦，足犹钉底异匏樽。
盂圆切已廑君道，玩物敢忘太保言。

太学馒头

北宋时，无馅的馒头被称作炊饼，有馅的被称作馒头。北宋最高学府太学的厨房曾经制作一款肉馅馒头，颇得宋神宗赞赏："以此养士，可无愧矣！""太学馒头"自此成名。岳飞的孙子岳珂还写诗详细描述道："几年太学饱诸儒，余伎犹传笋蕨厨。公子彭生红缕肉，将军铁杖白莲肤。芳馨政可资椒实，粗泽何妨比瓠壶。老去齿牙辜大嚼，流涎聊合慰馋奴。"

2017年9月5日

丁酉年七月十五　星期二

五日

2017年9月6日

丁酉年七月十六　星期三

六日

元　卵白釉“枢府”铭印花缠枝莲纹盘

此盘胎体洁白，
里外施卵白釉。
内壁模印缠枝莲纹，
在壁边对称写有“枢府”二字。

馄饨

馄饨是一种历史悠久、别名繁多的中国美食。《燕京岁时记》云：“夫馄饨之形有如鸡卵，颇似天地混沌之象，故于冬至日食之。”食用馄饨，有打破混沌之意。馄饨的形状、馅料有多种变化与搭配。唐代有“二十四节气馄饨”，即 24 种形状、馅料各异的馄饨。宋代冬至有以馄饨祭祖习俗，南宋有“享先则以馄饨”的记载，富贵人家求新求奇，有“一器凡十余色，谓之百味馄饨”。元时每只馄饨可包四两肉，称作“满碟红”，颇合时人粗犷豪迈的气魄，只是令今人难以想象这种馄饨的模样。

2017年9月7日

丁酉年七月十七　星期四

白露

2017年9月8日

丁酉年七月十八　星期五

八日

明　青花竹石灵芝纹盘

此盘口径达46厘米，青花色调淡雅。
内底菱形开光内绘竹、石、灵芝，
既有长寿寓意，又不失文人风雅。
内壁绘山茶、牡丹、石榴、菊花，
折沿上饰青花拔白忍冬纹。
外壁绘缠枝菊纹，近足处绘莲瓣纹。

周代的饮食礼仪

《礼记·曲礼上》云：“共食不饱，共饭不泽手。毋抟饭，毋放饭，毋流歠，毋咤食，毋啮骨，毋反鱼肉，毋投与狗骨，毋固获，毋扬饭，饭黍毋以箸，毋嚃羹，毋絮羹，毋刺齿，毋歠醢。客絮羹，主人辞不能亨。客歠醢，主人辞以窭。濡肉齿决，干肉不齿决。毋嘬炙。卒食，客自前跪，彻饭齐，以授相者。主人兴，辞于客，然后客坐。”

2017年9月9日

丁酉年七月十九　星期六

九日

2017年9月10日

丁酉年七月廿日　星期日

十日

明　青花九龙闹海纹碗

此碗外腹绘九龙闹海纹饰，青色淡雅，深浅相衬，龙的形象极为鲜明。内底青花双圈内饰海水龙纹，外口饰钱纹一周，圈足内施白釉，青花双线圈内署青花楷体“大明成化年制”双行六字款。

明太祖推广泡散茶

自明始，继煎茶和点茶之后，泡茶开始流行于明人生活中。明以前的宫廷流行用团茶，顶级的“龙凤团茶”价值数十万钱。洪武二十四年（1391），明太祖朱元璋下令废除进贡团茶，推广泡散茶。明人沈德符在《万历野获编》中云：“茶加香物，捣为细饼，已失真味。宋时又有宫中绣茶之制，尤为水厄中第一厄。今人惟取初萌之精者，汲泉置鼎，一瀹便啜，遂开千古茗饮之宗，乃不知我太祖实首开此法。”

2017年9月11日

丁酉年七月廿一　星期一

十一

2017年9月12日

丁酉年七月廿二　星期二

十二

明　孔雀绿釉碗

孔雀绿釉又称作“法翠”“翡翠”“吉翠”釉，
创烧于明宣德年间，正德时成色最佳。
此碗正是正德年间官廷用孔雀绿釉碗的代表作。

芳醴之曲

夏王厌芳醴，商汤远色声。圣人示深戒，千春垂令名。

惟皇登九五，玉食保尊荣。日昃不遑餐，布德延群生。

天庖具丰膳，鼎鼐事调烹。岂但资肥甘，亦足养遐龄。

达人悟兹理，恒令五气平。随时知有节，昭哉天道行。

2017年9月13日

十三

丁酉年七月廿三　星期三

2017年9月14日

十四

丁酉年七月廿四　星期四

清　虎皮三彩撇口碗

虎皮三彩，又叫“虎皮釉”，
器表以黄、绿、白、紫色釉点
染成斑块状，
因似虎皮斑纹而得名，
是清康熙年间创烧的新品种。
此碗内外施虎皮釉，
仅圈足内施白釉，
署楷体双行款“大清康熙年制”。

王太守八宝豆腐

王太守八宝豆腐是为数不多的古代文献中载有烹饪方法的清宫名菜。徐健庵是顾炎武的外甥，康熙朝著名学者。八宝豆腐的方子是康熙帝赐给他的，他在领取这个方子时，还向御膳房交了一千两银子。王太守的祖父是徐健庵的门生，得到了这个方子，并传续下来，被美食家袁枚记载到《随园食单》中。具体制法为：“用嫩片切粉碎，加香蕈屑、蘑菇屑、松子仁屑、瓜子仁屑、鸡屑、火腿屑，同入浓鸡汁中，炒滚起锅。用腐脑亦可。用瓢不用箸。”

2017年9月15日

丁酉年七月廿五　星期五

十五

2017年9月16日

丁酉年七月廿六　星期六

十六

清　十二色釉菊瓣盘

全套共12件，器型、大小相同，
均为敞口，圈足，
通体呈菊花瓣状。
每盘各施不同色釉，
分别是白、绿、湖绿、葱绿、
黄、蛋黄、米黄、天蓝、
洒蓝、胭脂紫、酱、藕荷色。
足内均施白釉，
书青花双圈
“大清雍正年制”
六字双行楷书款。

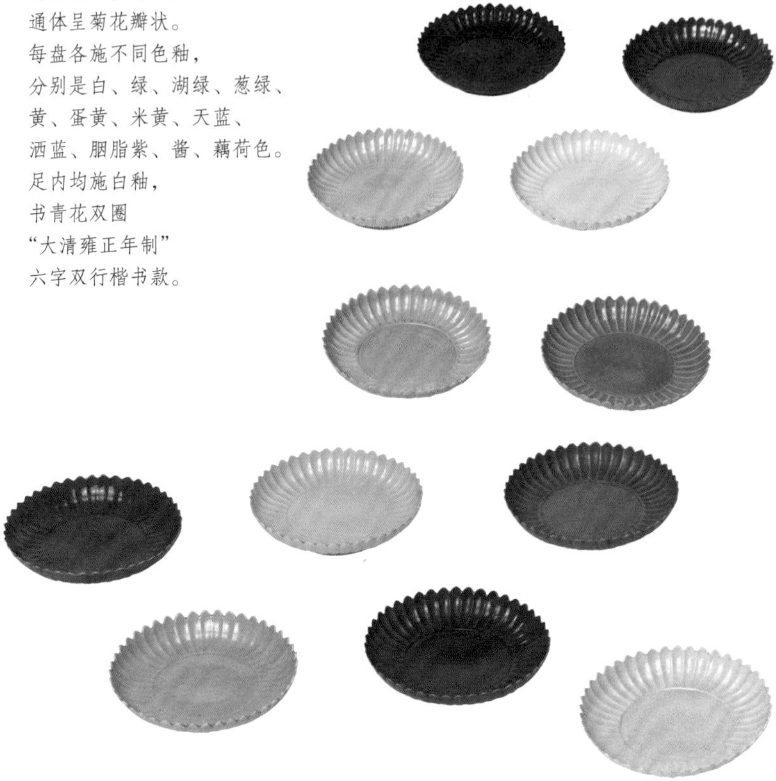

春节分食台湾西瓜

据清宫档案记载，康雍乾三朝的春节，皇帝与后妃都能吃上来自台湾的西瓜。这些西瓜的种子都来自山西榆次，朝廷钦赐瓜籽，由闽浙总督和福建巡抚派专人到台湾种植，一般是八月开种，十二月收获，再经过精心挑选送入皇宫。每次进献清宫的台湾西瓜大约有四五十个。台湾西瓜的味道很好，雍正帝在福建官员进献西瓜的折子上批复道：“今年西瓜种着了，甚好！”赞美之情溢于言表。

2017年9月17日

丁酉年七月廿七　星期日

十七

2017年9月18日

丁酉年七月廿八　星期一

十八

清　胭脂红地开光珐琅彩花鸟纹碗

此碗外壁以胭脂红为地，上饰三个团扇形开光，开光内分别绘“寿山福海”“福寿万代”“竹梅双雀”。开光之间以绿、紫、黄等彩描绘皮球花纹。外底绘一硕桃，桃实内以胭脂红彩楷书“雍正年制”双行四字款。

厨师鼻祖伊尹

伊尹是商汤倚重的大臣，曾以庖厨经验打比方解说治国之道，后世奉之为厨师鼻祖。他曾说：“调和之事，必以甘、酸、苦、辛、咸，先后多少，其齐甚微，皆有自起。鼎中之变，精妙微纤，口弗能言，志弗能喻，若射御之微，阴阳之化，四时之数。故久而不弊，熟而不烂，甘而不哝，酸而不酷，咸而不减，辛而不烈，澹而不薄，肥而不朕。……天子不可强为，必先知道。道者止彼在己，己成而天子成，天子成则至味具。故审近所以知远也，成己所以成人也。圣王之道要矣，岂越越多业哉！”

2017年9月19日

丁酉年七月廿九　星期二

十九

2017年9月20日

丁酉年八月初一　星期三

廿日

清　淡黄地珐琅彩兰石纹碗

此碗外壁黄釉地上绘洞石兰花图。
一侧以黑彩题写“云深琼岛开仙径，春暖芝兰花自香”七言诗句，
引首钤“佳丽”，句末钤“金成”“旭映”三枚胭脂彩篆体闲章。

御膳中的米饭

清代美食家袁枚在《随园食单》中指出蒸饭必须掌握四个要点：米好，善淘，火候和放水要得宜。“饭之甘，在百味之上；知味者，遇好饭不必用菜。”清宫御膳房用米选自玉泉山、丰泽园、小汤山等处专门种植的稻米，有白米、紫米、黄米三种。此外，御膳房对水也有极高的要求。皇家饮用水皆用玉泉山运来的泉水。乾隆帝称玉泉山的泉水为“天下第一泉”，并命禁军把守，严防有人污染、破坏皇家御用泉水。

2017年9月21日

丁酉年八月初二　星期四

廿一

2017年9月22日

丁酉年八月初三　星期五

廿二

清　粉彩过枝桃纹盘

此盘内底彩绘一株桃树，
桃花盛开，桃叶翠绿。
树上结九枚桃实，
盘内六枚，盘外三枚。
桃枝旁飞舞着红色的蝙蝠，
寓意洪福齐天、福寿双全。

八珍

八珍，原指用八种方法烹饪的珍贵食物，后来指八种稀有而珍贵的烹饪原料。历代八珍皆有所不同。周代的八珍是指淳熬、淳母、炮豚、炮牂、捣珍、渍、熬和肝膋八种食物。元代出现了“迤北八珍”——醍醐、麆吭、野驼蹄、鹿唇、驼乳糜、天鹅炙、紫玉浆、玄玉浆。明代以龙肝、凤髓、豹胎、鲤尾、鸮炙、猩唇、熊掌、酥酪蝉为八珍。清代八珍分门别类，极为详细，有“参翅八珍”“山水八珍”等分类。

2017年9月23日

丁酉年八月初四　星期六

秋分

2017年9月24日

丁酉年八月初五　星期日

廿四

清　黄地开光粉彩山水人物纹四方茶壶

此茶壶为四方形。
壶盖隆起三层台形，上置宝珠形钮。
壶外壁黄色粉彩轧道上绘折枝莲纹，四面开光，
前后二开光内分别绘折枝牡丹、梅花，
左右二开光内绘山水楼阁图，
分别题有“峰黛疑灵鹫，波光是若耶”，
“漫步天街草，闲探上苑花”的诗句。

茶

唐　元稹

茶，
香叶，嫩芽。
慕诗客，爱僧家。
碾雕白玉，罗织红纱。
铫煎黄蕊色，碗转曲尘花。
夜后邀陪明月，晨前命对朝霞。
洗尽古今人不倦，将知醉后岂堪夸。

2017年9月25日

丁酉年八月初六　星期一

廿五

2017年9月26日

丁酉年八月初七　星期二

廿六

清　粉彩折枝梅花纹盖碗

此碗外壁通体以粉彩装饰，
以折枝梅花为主纹饰，
辅以如意云头纹做边饰。
外底及盖顶抓钮内均署红彩楷书
“慎德堂制”双行四字款。
慎德堂是道光帝
建在圆明园内的殿宇，
署“慎德堂制”款的瓷器是
道光帝的御用品。

满汉全席

“满汉全席”之称，最早出现在清代文人袁枚的饮食著作《随园食单》中：“今官场之菜名号有十六碟、八簋、四点心之称，有满汉席之称，有八小吃之称，有十大菜之称。”无独有偶，《扬州画舫录》还记有一份满汉全席的菜谱。清宫宴赏满、汉官员时，为了照顾各自口味，都要分设“满席筵桌”和“汉席筵桌”，通常“满菜多烧煮，汉菜多羹汤”。然而遍查各类档案，却从无“满汉全席”的记载。可见，“满汉全席”应是民间对清宫盛宴的想象与传说。当然，这并不影响其成为饕餮盛宴的代名词。

2017年9月27日

丁酉年八月初八　星期三

廿七

2017年9月28日

丁酉年八月初九　星期四

廿八

清　黄地红彩蝙蝠纹寿字高足盘

此盘高足，通体施黄釉，
以红彩作为装饰。
内口沿饰万字曲水纹，
盘心处饰五蝠捧寿纹样；
外口沿饰一周如意云头纹，
腹部饰蝙蝠、团寿字及寿字；
高足饰福寿如意、洪福万代纹样。

合梦烧饼

皇家吃什么，是老百姓津津乐道的话题，是以坊间从来不乏关于宫廷美食的传说。相传，慈禧太后有一天梦见吃肉末烧饼，结果在进早膳时，桌子上竟然真的有一盘肉末烧饼。慈禧太后见现实与梦中景象相合，认为“梦想成真”当为吉兆，于是颇为欣慰。便将做饼的御厨赵永寿传至殿前，当即赐银二十两并蓝翎一顶。赵永寿因此成了有品级的“顶戴厨师”，肉末烧饼也被誉为“合梦烧饼”。

2017年9月29日

丁酉年八月初十　星期五

廿九

2017年9月30日

丁酉年八月十一　星期六

卅日

十月 养生修身

安身之本，必资于食。
礼仪之初，亦自此始。
养生术，修身法，
须从啜饮啐尝中悟得。

清　蒋廷锡　《花卉图》册之兰石灵芝

此图绘兰师法文徵明笔法，兰叶的伸展与垂落极为生动、自然，仿佛可见微风吹过时其摇曳之姿。灵芝和兰草，寓意君子之交。

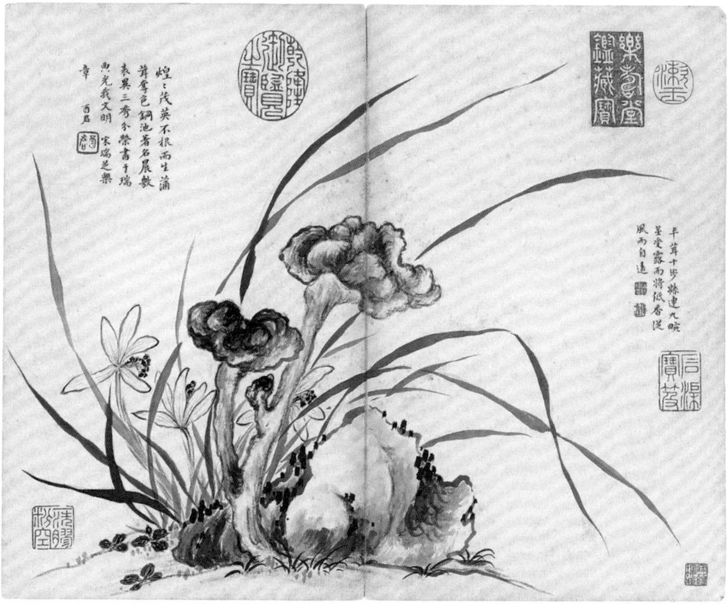

瑞草灵芝

灵芝，又称林中灵、神芝、芝草等，自古以来被人们视为有长生不老功效的仙草，多被文人吟咏、赞赏。东汉张衡《思玄赋》云:“留瀛洲而采芝兮，聊且以乎长生。”韦应物《送丘员外还山》有“灵芝非庭草,辽鹤委池鹜”之句；杜甫《赠郑十八贲》有“灵芝冠众芳，安得阙亲近”之句；陆游《秋日遣怀》有“离离上药苗,郁郁灵芝荣”之句。灵芝亦被视作一种祥瑞,“王者有德行者，则芝草生”。

2017年10月1日

丁酉年八月十二　星期日

一日

2017年10月2日

丁酉年八月十三　星期一

二日

清　人参茶膏

此茶膏是用人参与茶叶混合熬制，再用模具压制成型。
既具有养生的功效，又不失茶香。

人参

宋　苏过

草木异所禀，甘苦分炎凉。人参独中和，群药敢雁行。
虽微瞑眩力，颇著难老方。譬之古循吏，有益初无伤。
安神补五脏，自使精魄强。罗浮仙者居，灵质不自藏。
移根植膏壤，桠叶粲以长。东南虽异产，辽海谁能航。
誓将北归日，从我涉汉湘。种之眉山阴，得与伯仲尝。

2017年10月3日

丁酉年八月十四　星期二

三日

2017年10月4日

丁酉年八月十五　星期三

中秋

明　祝允明《饭苓赋》

祝允明，字希哲，号枝山，
世称“祝京兆”，工诗文书法，
与唐寅、文徵明、徐祯卿并称
“吴中四子”，
与文徵明、王宠并称“吴中三家”。
祝允明在赋中极赞茯苓
延年益寿之神奇功效。

仙食茯苓

茯苓是寄生在松树根上的菌类植物，形状像甘薯，被古人奉为养生延年之仙食灵物。《淮南子·说山训》云：“千年之松，下有茯苓。”高诱注：“茯苓，千岁松脂也。”苏轼患痔疾21年，百药不效。出于无计，“断酒肉与盐酪酱菜，凡有味物皆断，又断糠米饭，惟食淡面一味，其间更食胡麻、茯苓面少许，取饱”。如此服食，数日而愈。

2017年10月5日

丁酉年八月十六　星期四

五日

2017年10月6日

丁酉年八月十七　星期五

六日

清　普洱茶膏

此茶膏以锦缎匣盛装，翻开的锦缎匣盖上有介绍普洱茶膏功效的文字：“能治百病。如肚胀受寒，用姜汤发散出汗即愈；口破喉颡，受热疼痛，用五分噙口过夜即愈；受暑擦破皮血者，研敷立愈。”

长句与晴皋索普洱茶

清　丘逢甲

滇南古佛国，草木有佛气。
就中普洱茶，森冷可爱畏。
迩来入世多尘心，瘦权病可空苦吟。
乞君分惠茶数饼，活火煎之檐卜林。
饮之纵未作诗佛，定应一洗世俗筝琶音。
不然不立文字亦一乐，千秋自抚无弦琴。
海山自高海水深，与君弹指一话去来今。

2017年10月7日

丁酉年八月十八 星期六

七日

2017年10月8日

丁酉年八月十九 星期日

寒露

清　燕窝

燕窝，是指金丝燕用唾液筑的窝，
东南亚一带最早食之。
迟至唐代，燕窝已经传入中国。
中国人认为燕窝是上等的补品，可以养阴润燥、益气补中。
此燕窝为贡品，盛放于红漆描金五蝠捧寿图圆盒中，
盒内燕窝形状整齐，乃上乘佳品。

燕窝席

《清稗类钞》云："酒筵中以燕窝为盛馔，次于烧烤，惟享贵宾时用之。客就席，最初所进大碗之肴为燕窝者，曰'燕窝席'，一曰'燕菜席'。若盛以小碗，进于鱼翅之后者，则不为郑重矣。制法有二。咸者，搀以火腿丝、笋丝、猪肉丝，加鸡汁炖之。甜者，仅用冰糖，或蒸鸽蛋以杂于中。"

2017年10月9日

丁酉年八月廿日　星期一

九日

2017年10月10日

丁酉年八月廿一　星期二

十日

清　文竹双莲蓬式盒

此盒采用竹簧工艺，
盒身呈一大一小两个莲蓬相倚状，
盒盖及所嵌莲实为黄杨木质地。
盒内涂以金漆。
盒下雕茎叶盘连作为底座，
并雕饰一朵含苞待放的荷花及一片荷叶，
平添几分天然意趣。

清平乐·村居

宋　辛弃疾

茅檐低小，溪上青青草。醉里吴音相媚好，白发谁家翁媪。

大儿锄豆溪东，中儿正织鸡笼。最喜小儿亡赖，溪头卧剥莲蓬。

2017年10月11日

丁酉年八月廿二　星期三

十一

2017年10月12日

丁酉年八月廿三　星期四

十二

清　于敏中　《圣迹全图》之常陈俎豆

“圣迹图”是描绘孔子一生言行事迹的图传，
内容多取自《论语》《史记》。
于敏中，字叔子，一字重棠，号耐圃，是乾隆朝著名书法家。
《圣迹全图》是其进献给乾隆帝的袖珍绘本。
此图绘孔子幼时玩“过家家”，把俎、豆之类的礼器摆出来，模仿祭祀的行为。
一起玩耍的小伙伴们受到孔子的影响，彼此见面时行揖礼问候。
他们的行为一时名动列国。

藏礼于器

孔子毕生以恢复周礼为己任。在他看来，“夫礼之初，始诸饮食。其燔黍捭豚，污尊而抔饮，蕢桴而土鼓，犹若可以致其敬于鬼神”。为了更好地事神致福，古代先民将他们心目中最美好、最珍贵的材料制成盛装食物的器皿，并在这些器皿上装饰神圣、美观的纹饰，用以沟通、祭享鬼神。

2017年10月13日

丁酉年八月廿四 星期五

十三

2017年10月14日

丁酉年八月廿五 星期六

十四

清　于敏中　《圣迹全图》之孔子受鱼

此图绘一渔夫把准备丢弃的鱼送给孔子，
孔子要为此举办祭祀仪式的故事。
表达了孔子对“仁人”的推崇，
从侧面揭示孔子以“仁”为核心的思想体系。

孔子受鱼

一个渔夫献鱼给孔子，被谢绝后说：“天气炎热不好储存，距离市场太远不好售卖，我才将鱼送给您哪。”孔子闻言郑重地拜谢了渔夫，接受了这条鱼，还要举办一个祭祀仪式。他的弟子问道：“人家送您的是准备扔掉的东西，为什么您却要举办祭祀仪式呢？”孔子说：“我听说，能珍惜即将腐烂的东西，并施舍给别人的人，也算得上‘仁人’了。哪有接受‘仁人’馈赠而不举办祭祀仪式的道理呢？”

2017年10月15日

丁酉年八月廿六　星期日

十五

2017年10月16日

丁酉年八月廿七　星期一

十六

清　于敏中　《圣迹全图》之先黍后桃

此图绘鲁哀公赐给孔子桃子和黍子，
孔子认为黍子地位贵于桃子，故而先食黍子，后吃桃子。
由此可以窥见孔子对礼法制度和等级社会的坚守。

孔子侍坐於哀公賜
桃與黍孔子先飯黍
而後食桃左右掩口
而笑公曰黍所以雪
桃非為食之也孔子
對曰夫黍五穀之長
郊社宗廟以為上盛
果屬有六而桃為下
不登郊廟今以五穀
之長雪果之下者是
從上雪下妨於教害
於義故不敢

先黍后桃

一次，鲁哀公赐给孔子桃子和黍子。孔子先吃黍子而后吃桃子，哀公的侍从都掩口而笑。鲁哀公说：“黍子不是吃的，而是用来擦拭桃子的。”孔子答道：“黍子在‘五谷’中排在第一位，祭祀先王时它是上等的祭品。桃子在‘六果’中排在后几位，都不在祭品之列。现在要用高贵的黍子擦拭地位低贱的桃子，就是要颠倒上下，这会妨害教化和礼义，所以我不敢用这种吃法。”

2017年10月17日

丁酉年八月廿八　星期二

十七

2017年10月18日

丁酉年八月廿九　星期三

十八

清　于敏中　《圣迹全图》之宓子贱行仁政

此图绘孔子赞叹宓子贱善于执政，反映了孔子的仁政思想。

宓子贱行仁政

宓子贱和巫马期都是孔门弟子。宓子贱治理单父期间，孔子曾派巫马期探听宓子贱的执政情况。巫马期见到一个渔夫将刚捉到的鱼放生了，就去问原因，渔夫说：“我放生的鱼，大的叫做鲭，我们的大夫喜欢这种鱼；小的叫做鱦，我们的大夫希望这种鱼能够长大。所以，我要把这种鱼放生。”巫马期回禀时感叹宓子贱的德治胜于严酷的刑法，孔子说：“我曾告诫他要保持内心诚挚、实行仁政，民心就会自然归化。他真的做到了。”

2017年10月19日

丁酉年八月卅日　星期四

十九

2017年10月20日

丁酉年九月初一　星期五

廿日

清　冷枚　《养正图》册第一开

冷枚，字吉臣，别号金门画史，清代宫廷画家。
《养正图》又称《圣功图》，共十开，
绘历代明君故事，对开为张若蔼题写的对应的故事情节。
此图为《养正图》册第一开，绘周文王开仓赈济灾民的情景。

文王发粟

文王问于吕望曰："为天下若何？"对曰："王国，富民；霸国，富士；仅存之国，富大夫；无道之国，富仓府。若专务积之而不散，是以有用之物置之无用之地，徒使群小耗蠹于中，盗贼窥伺于外。闾阎无盖藏，百姓不聊生。是谓上溢而下漏。"文王称其善。对曰："既是善言，当速行之。"即于是日发其仓府，以赈鳏寡孤独。

2017年10月21日

丁酉年九月初二　星期六

廿一

2017年10月22日

丁酉年九月初三　星期日

廿二

清　冷枚　《养正图》册第六开

此图为《养正图》册第六开，
绘汉安帝时汉阳太守庞参寻访隐士任棠的情景。

庞参问政

汉安帝朝庞参，为汉阳太守。郡人隐士任棠，有奇节，参躬往候之。棠见参来，乃抱小儿当户而立，以水一盂、大本薤献之，更无一言。参即悟其意，曰："水者，欲吾清也；薤者，欲我击强宗也；抱儿当户者，欲我开门恤孤也。"以棠托意于物，而参遽能得于言语之外如此，其能成善治，以循良称，岂偶然哉！

2017年10月23日

丁酉年九月初四　星期一

2017年10月24日

丁酉年九月初五　星期二

清　冷枚　《养正图》册第七开

此图为《养正图》册第七开，
绘南齐范云在陪同文惠太子观看刈稻时进谏
“国以民为本，民以食为天”的道理。

范云说言

南齐时，范云为记室。文惠太子，齐武长子。云尝从太子幸东田，观获稻。文惠顾云曰：“刈此甚快。”云曰：“前此春耕、夏耘与秋收，三时之务，亦甚勤劳，愿殿下知稼穑之艰难，无徇一朝之宴逸也。盖国以民为本，民以食为天。成周八百年基业，皆稼穑中来。”文惠改容谢之，握容手，曰：“不谓今日复见说言。”

2017年10月25日

丁酉年九月初六　星期三

廿五

2017年10月26日

丁酉年九月初七　星期四

廿六

清　冷枚　《养正图》册第九开

此图为《养正图》册第九开，
绘宰相韩休力谏唐玄宗不要耽于宴乐游猎之事。
唐玄宗虽然不悦于韩休，却坚持纳谏，揭示忠言逆耳利于行的道理。

玄宗纳谏

唐玄宗时，宰相韩休为人峭直，不干荣利。玄宗有时宫中宴乐，及后苑游猎，或举动稍过差，辄谓左右曰："韩休知否？"言终，谏疏已至御前。玄宗尝临镜，默然不乐，左右曰："自韩休为相，陛下殊瘦于旧，何不逐之以自快乐？"玄宗叹曰："我貌虽瘦，天下必肥。岂可爱一身而忘天下乎？"

2017年10月27日

丁酉年九月初八　星期五

廿七

2017年10月28日

丁酉年九月初九　星期六

重陽

清 《许后奉案图》

此图是乾隆朝十二幅《宫训图》之一，悬于钟粹宫以教化后妃。内容为汉宣帝许皇后亲自给皇太后奉案上食的故事。

许后奉案赞

清 爱新觉罗·弘历

后母天下，首崇俭德。
坤顺承乾，柔嘉维则。
繄惟许后，贵而能抑。
不忘寒微，车服是饬。
日朝长乐，用修妇职。
懿彼芳型，永为后式。

2017年10月29日

丁酉年九月初十　星期日

廿九

2017年10月30日

丁酉年九月十一　星期一

卅日

清　焦秉贞《历代贤后故事图》之禁苑种谷

焦秉贞，字尔正，清代宫廷画家，尤善绘人物。《历代贤后故事图》，共十二开，主要绘历代有贤名的皇后、太后之故事，为清宫后妃树立楷模。画作设色明丽，吸收西洋画法，注重明暗和远近，具有空间透视感。

慈圣光献曹太后

曹太后是北宋政坛上十分重要的女政治家。她是枢密使周武惠王曹彬的孙女。史载其性情仁慈，冲和俭朴。她颇为注重农桑之事，曾在禁苑中种谷养蚕。她还具有较高的文化素质，善书飞白。一生经历过仁宗朝的宫廷政变、英宗朝的垂帘听政，迨至神宗朝，被尊为太皇太后，仍对政坛具有很大的影响力。王安石推行新法，她竭力反对改革，称：“祖宗法度，不宜轻改。”

2017年10月31日

丁酉年九月十二　星期二

卅一

十一月 清宴雅集

良朋清宴，
诗酒趁年华。
名流雅集，
千古传佳话。

明　仇英（款）《兰亭修禊图》卷（局部）

此图著录于《石渠宝笈》初编，
以工笔重彩绘兰亭修禊的场景，
上游的童仆将上置酒杯的托盘放在缓缓流动的溪流中，
下游笔墨既陈，文士们临流赋诗，间有童仆辅助捞起漂过的酒杯。
然从其笔墨特点及艺术水平观之，
本幅“仇英实父制”款系后人作伪，应为明晚期人托仇英之名所作。

千古兰亭

兰亭在浙江绍兴西南的兰渚山下。东晋永和九年（353年）的上巳日，王羲之与当时名士宴集于此，行修禊之事。修禊本是驱邪祈福的祭祀仪式，后渐成踏青游乐活动。众人曲水流觞，写下许多歌咏此次雅集的诗作，由王羲之写下被后世誉为“天下第一行书”的《兰亭序》,一抒“惜时悲逝”之情。这次雅集，成为后世不断歌咏、描绘、模仿的对象。在中国文人心中，兰亭已经成为一个不可磨灭的精神烙印，亦书画，亦诗文，亦雅集，亦风骨，亦哲思，亦情结。

2017年11月1日

丁酉年九月十三　星期三

一日

2017年11月2日

丁酉年九月十四　星期四

二日

汉　彩绘漆耳杯

此杯口呈椭圆形，双耳呈 C 形，
杯内髹红漆，口沿、双耳及外壁髹红、黑双色漆，
饰变形鸟纹、漩涡纹及卷云纹。
此耳杯又被称作羽觞，曲水流觞所用酒杯形制与此相似。

满江红·立夏前一日借坡公韵

宋　洪迈

雨涩风悭，双溪閟、几曾洋溢。长长是、非霞散绮，岫云凝碧。修禊欢游今不讲，流觞故事何从觅。待它时、水到却寻盟，输筹一。

燕舞倦，莺吟毕。春肯住，才明日。池塘欠绿皱，小荷争出。童子舞雩浑怅望，吾人提笔谁飘逸。记去年，修竹暮天寒，无踪迹。

2017年11月3日

丁酉年九月十五　星期五

三日

2017年11月4日

丁酉年九月十六　星期六

四日

明　文徵明《兰亭修禊图》卷（局部）

此画是文徵明晚年佳作，是他为好友曾潜所作的“别号图”。
曾潜自号兰亭，是一位隐士。
此图依托兰亭故事，绘曲水流觞，
但是坐在草亭中、身着红衣的主人公却不是王羲之，而是曾潜。

题《兰亭修禊图》

明　文徵明

猗兰亭子袭清芬，珍重山阴迹未陈。
高音漫传幽谷操，清真重见永和人。
香生环珮光风远，秀茁庭阶玉树新。
何必流觞须上巳，一帘芳意四时春。

2017年11月5日

丁酉年九月十七　星期日

五日

2017年11月6日

丁酉年九月十八　星期一

六日

清
《胤禛十二月景行乐图》之“曲水流觞”

《胤禛十二月景行乐图》绘雍正帝身着汉装，依循汉族四时节令习俗，优游于古典园林中。此图表现的是农历三月修禊场景，绘雍正帝一边抚琴一边观赏着汉装的文人们曲水流觞，溪畔阁楼上的女眷亦倚窗观看这风雅的一幕。远景绘恬淡宁静的山水田园，农夫在田间劳作，孩童们聚在一起嬉戏，使整个画面极具生活气息。

酒令“羲之兰序”

酒令是中国酒文化的重要组成部分，也是古代酒席上常见的娱乐节目和劝酒方式。据《安雅堂酒令》记载，“羲之兰序”酒令是规定众人皆饮酒、赋诗的令筹。“少长既咸集，一觞复一咏。虽无丝与竹，亦足娱视听。”要求“众客无大小，各饮一杯，各赋一诗。不能诗者，遂为丝竹管弦之声，能诵吾竹屋兰亭者免饮。此日若值上巳，得令者作诗饮酒各倍于人”。此酒令典出王羲之《兰亭序》中文句：“群贤毕至，少长咸集。”“虽无丝竹管弦之盛，一觞一咏，亦足以畅叙幽情。”

2017年11月7日

丁酉年九月十九　星期二

2017年11月8日

丁酉年九月廿日　星期三

五代　顾闳中《韩熙载夜宴图》之“听乐”

顾闳中，南唐画家。
工人物，善于描摹神情意态。
韩熙载是北地遗民，因避难来到南唐，
南唐后主李煜任他为宰相，却对他心怀戒备，
遂命顾闳中夜访韩熙载的住处，描摹其夜宴情状。
此段表现的是韩熙载及宾客们宴饮并听教坊副使李家明之妹演奏琵琶的场景，
韩熙载眉头轻蹙、郁郁寡欢的神情与欢宴气氛形成鲜明对比。

感怀诗二章

唐　韩熙载

其一

仆本江北人，今作江南客。再去江北游，举目无相识。

金风吹我寒，秋月为谁白。不如归去来，江南有人忆。

其二

未到故乡时，将为故乡好。及至亲得归，争如身不到。

目前相识无一人，出入空伤我怀抱。风雨萧萧旅馆秋，归来窗下和衣倒。

梦中忽到江南路，寻得花边旧居处。桃脸蛾眉笑出门，争向前头拥将去。

2017年11月9日

丁酉年九月廿一　星期四

九日

2017年11月10日

丁酉年九月廿二　星期五

十日

南宋 《春宴图卷》（局部）

此图绘开元十八学士春宴场景。
十八学士有的酒醉欲归，有的凭栏观鹅，有的弹奏乐器，
有的围案举觞，有的提笔作诗……场景颇为热闹。

十八学士

《玉海》卷三十一“唐开元十八学士赞”条引《集贤注记》云：“开元十一年（723），丽正学士进诗，上嘉赏之，自燕公以下十八人各赐赞以褒美之，敕曰：‘得所进诗甚有佳妙，风雅之道，斯焉可观。并据才能，略为赞述，具如别纸，宜各领之。’”开元十八学士是指杜如晦、房玄龄、于志宁、苏世长、姚思廉、薛收、褚亮、陆德明、孔颖达、李玄道、李守素、虞世南、蔡允恭、颜相时、许敬宗、薛元敬、盖文达和苏勖。后薛收死，召刘孝孙补之。

2017年11月11日

丁酉年九月廿三　星期六

十一

2017年11月12日

丁酉年九月廿四　星期日

十二

清　丁观鹏　《夜宴桃李园图》卷（局部）

丁观鹏，清代宫廷画家，尤擅道释画。
此图取材自李白《春夜宴桃李园序》，
描绘李白和堂弟们在春夜饮酒赋诗、畅叙天伦的场景。
人生苦短，及时行乐，是李白一贯奉行的人生信条。
此次夜宴桃李园，李白赞美弟弟们有南朝谢惠连一样的诗才，
如做不出诗，则依照金谷雅集的规则，罚酒三杯。

春夜宴桃李园序

唐　李白

夫天地者，万物之逆旅；光阴者，百代之过客。而浮生若梦，为欢几何？古人秉烛夜游，良有以也。况阳春召我以烟景，大块假我以文章。会桃李之芳园，序天伦之乐事。群季俊秀，皆为惠连；吾人咏歌，独惭康乐。幽赏未已，高谈转清。开琼筵以坐花，飞羽觞而醉月。不有佳作，何伸雅怀？如诗不成，罚依金谷酒数。

2017年11月13日

丁酉年九月廿五　星期一

十三

2017年11月14日

丁酉年九月廿六　星期二

十四

明　杜堇《古贤诗意图》卷之“饮中八仙”

杜堇，原姓陆，字惧男，号柽居、古狂、青霞亭长。明代画家，尤擅人物画。《古贤诗意图》卷诗与画相配，间错排列，共九段，有金琮书写古人诗文。

此段取材自杜甫《饮中八仙歌》，

以白描手法描绘八仙或站，或坐，或骑，或卧，醉态各异。

“饮中八仙”即贺知章、李琎、李適之、崔宗之、苏晋、李白、张旭、焦遂，八人都在长安生活过。

饮中八仙歌

唐　杜甫

知章骑马似乘船，眼花落井水底眠。

汝阳三斗始朝天，道逢麴车口流涎，恨不移封向酒泉。

左相日兴费万钱，饮如长鲸吸百川，衔杯乐圣称避贤。

宗之潇洒美少年，举觞白眼望青天，皎如玉树临风前。

苏晋长斋绣佛前，醉中往往爱逃禅。

李白一斗诗百篇，长安市上酒家眠。

天子呼来不上船，自称臣是酒中仙。

张旭三杯草圣传，脱帽露顶王公前，挥毫落纸如云烟。

焦遂五斗方卓然，高谈雄辩惊四筵。

2017年11月15日

丁酉年九月廿七　星期三

十五

2017年11月16日

丁酉年九月廿八　星期四

十六

明　仇英　《人物故事图》册之“浔阳琵琶”

仇英，字实父，号十洲，“吴门四家”之一。
此图取材自白居易《琵琶行》，绘众人舟中夜宴，听琵琶演奏的场景。
岸边有牵马、提灯的仆从，正合诗中“忽闻水上琵琶声，主人忘归客不发”之意。

白公草堂

宋　李纲

乐天平生不可及，谪官乃作庐中集。香炉峰下结草堂，石屏纸帐随时给。
维摩丈室亦何有，天女散花空结习。何须江上听琵琶，泫然泪滴青衫湿。

2017年11月17日

丁酉年九月廿九　星期五

十七

2017年11月18日

丁酉年十月初一　星期六

十八

清　犀角西园雅集图杯

此杯外壁以李公麟《西园雅集图》为蓝本，
雕刻名士16人，加上侍姬、书童，共22人。
西园为北宋驸马都尉王诜之第，
他曾邀苏轼、苏辙、黄庭坚、米芾、蔡襄、李之仪、秦观等名士以及僧圆通、
道士陈碧虚在西园聚会。
名士们在松间亭下，或题字，或对谈，或打坐，僧俗杂处，风雅逍遥。
李公麟应邀将此次聚会绘成《西园雅集图》，米芾撰写《西园雅集图记》。

题镂角西园雅集图杯

清　爱新觉罗·弘历

西园雅宴集名流，十有六人为倡酬。米记李图艺恰称，儒冠墨客意相投。
桃园太白金谷例，锡县尤通玉斧镂。照世宁须事燃角，良工数典有佳谋。

2017年11月19日

丁酉年十月初二　星期日

十九

2017年11月20日

丁酉年十月初三　星期一

廿日

宋　马和之《后赤壁赋图》卷（局部）

此图描绘的是苏轼《后赤壁赋》中与客泛舟夜游赤壁，
遇孤鹤“横江东来”“掠余舟而西”的景象。
卷后有宋高宗赵构的草书《后赤壁赋》。

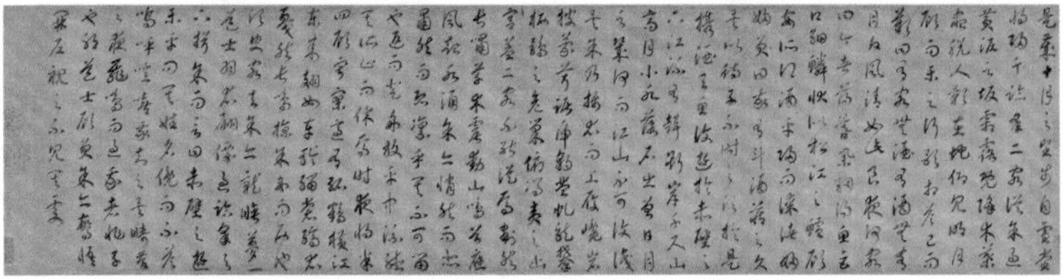

念奴娇·赤壁怀古

宋　苏轼

大江东去，浪淘尽、千古风流人物。故垒西边，人道是、三国周郎赤壁。乱石穿空，惊涛拍岸，卷起千堆雪。江山如画，一时多少豪杰！

遥想公瑾当年，小乔初嫁了，雄姿英发。羽扇纶巾，谈笑间、樯橹灰飞烟灭。故国神游，多情应笑我、早生华发。人间如梦，一樽还酹江月。

2017年11月21日

丁酉年十月初四　星期二

廿一

2017年11月22日

丁酉年十月初五　星期三

小雪

宋 赵佶 《文会图》(局部)

此图绘文人雅士围坐品茗、唱和的雅集活动。
雅士共十二人，其中九人围于案旁，一人托盘取茶，二人在桂树下对谈。
另有侍者八人，其中四人在桌旁侍立，四人于主案下首烹茶。
此图右上角有宋徽宗赵佶瘦金体题诗——
儒林华国古今同，吟咏飞毫醒醉中。多士作新知入彀，画图犹喜见文雄。

从分餐到共食

中国人吃饭实行分餐制渊源甚远。商周时期，人们席地而坐，凭各自的俎案而食。从孟光与梁鸿夫妻“举案齐眉”的故事文本，到《韩熙载夜宴图》的图像都可以洞见分食的场景。到了宋代，随着高足坐具的普及，以及酒肆、教坊等饮食公共空间的出现，围坐一桌吃饭的共食方式走入了中国人的生活。《文会图》中所绘即是共食场景。

2017年11月23日

丁酉年十月初六　星期四

廿三

2017年11月24日

丁酉年十月初七　星期五

廿四

明　吕纪、吕文英 《竹园寿集图》卷（局部）

明弘治年间，吏部尚书屠滽、户部尚书周经、
御史侣钟三人同值六十寿辰。
周经在竹园设宴，与屠、侣二人共同庆寿，
并延请吕纪、吕文英为此作画纪念。
画中宾主皆身着官服，形容颇为写实，
颇有现代人举办集体生日宴会时留影的意味。

题《竹园寿集图》

明　吴宽

七客同期贺诞辰，古诗三寿句犹新。合为一百八十岁，总是东西南北人。
露下高松如细雨，风回修竹满清尘。杏园雅集今重见，良史当筵亦写真。
予惟乙卯是生辰，老大无闻白发新。韩子立朝犹此秩，温公入会独何人。
瞥然一世同惊电，瞠若三公岂后尘。更待它年为此集，香山容我作刘真。

2017年11月25日

丁酉年十月初八　星期六

廿五

2017年11月26日

丁酉年十月初九　星期日

廿六

明　文徵明《惠山茶会图》卷（局部）

此图绘文徵明于清明节同书画好友蔡羽、汤珍及王宠等
偕游无锡惠山，在竹炉山房饮茶赋诗，畅叙友情。
惠山山麓松林苍翠，山石峥嵘。两人在山间行走、交谈，
两人坐在井亭下，一人观水，一人读书。
另有三名仆童在为茶会做准备。

惠山泉

惠山泉位于江苏省无锡市西郊惠山之麓若冰洞前。“茶圣”陆羽将泡茶之水分为二十等，惠山泉被评为“天下第二泉”，后世亦称其为“陆子泉”。唐武宗时，宰相李德裕喜用惠山泉水烹茶，竟动用官方驿站将水运到长安。宋温革《琐碎录》云：“惠山泉缘山中有锡，止宜瀹茗。若烹羊则色黑，酝酒则味苦。大凡井中投铅，久之则甘。梅柚和铅霜食之美，因知锡能变甘。”

2017年11月27日

丁酉年十月初十　星期一

廿七

2017年11月28日

丁酉年十月十一　星期二

廿八

明　蓝瑛

《溪桥话旧图》轴

蓝瑛，字田叔，
号蝧叟、石头陀、东郭老农等，
人称“浙派殿军”。
此图绘两名高士对坐于
山间的溪桥上，
倾谈话旧，意态洒脱，
有出世之姿。

文如饭 诗如酒

清代学者吴乔在《围炉诗话》中谈及诗与文两种体裁的区别时，提出“文则炊而为饭，诗则酿而为酒”之说。“意岂有二？意同而所以用之者不同，是以诗文体制有异耳。文之词达，诗之词婉。书以道政事，故宜词达；诗以道性情，故宜词婉。意喻之米，饭与酒所同出。文喻之炊而为饭，诗喻之酿而为酒。文之措词必副乎意，犹饭之不变米形，啖之则饱也。诗之措词不必副乎意，犹酒之变尽米形，饮之则醉也。”

2017年11月29日

丁酉年十月十二 星期三

廿九

2017年11月30日

丁酉年十月十三 星期四

卅日

十二月 清宫盛筵

天子宴席，礼仪繁缛，
家国同体，肃穆隆重。

清 《胪欢荟景图》册之“万国来朝”

此图描绘王公大臣、外藩首领、外国使节齐集太和门、太和殿广场，
等待皇帝升座、大朝会隆重举行的那一刻。
大朝会后，太和殿筵宴便会在这里举行。

太和殿筵宴

太和殿筵宴是清朝最高规格的宴会，每年于元旦、冬至、万寿等节日举行。届时，太和殿内外陈设宴桌上百张，与宴人员包括皇帝、王公大臣、外藩王公、外国使节等，各班人员按照品级、爵位分列殿内左右。吉时到，皇帝在中和韶乐的伴奏下升座，三鸣鞭，众人行一叩礼，大宴开始。席间，依次进茶、酒、馔，间或有庆隆舞、扬烈舞、喜起舞表演以及众少数民族乐器演奏。最后，丹陛大乐奏起，众人向皇帝行一跪三叩礼，皇帝还宫，大宴结束。

2017年12月1日

丁酉年十月十四　星期五

一日

2017年12月2日

丁酉年十月十五　星期六

二日

清　金錾云龙纹嵌珠宝葫芦式执壶

此壶为金质，葫芦形，兽吞式流，流上有横梁与壶体相连。
龙形柄，盖上饰花蕾形钮，有金链与器柄相连。
器身錾刻云龙纹及海水江崖纹，嵌珍珠、宝石。
皇帝冬季饮热酒，多用金、银、珐琅酒具。

太和殿筵宴所费

乾隆三年（1738）元旦太和殿筵宴，用馔席210席，羊100只，酒100瓶。亲王12人，每人进8席，郡王8人，每人进5席，均羊3只，酒3瓶；贝勒6人，各进3席，贝子2人，各进2席，均羊2只，酒2瓶；入八分公15人，各进1席，均羊1只，酒1瓶。当日共进馔席173席，羊91只，酒91瓶。另有光禄寺增备馔席37席，羊9只，酒9瓶，以合前数。

2017年12月3日

丁酉年十月十六　星期日

三日

2017年12月4日

丁酉年十月十七　星期一

四日

清 《崇庆皇太后八旬万寿图》帖落

此图绘崇庆皇太后八旬万寿日当天，
乾隆帝携众妃嫔及皇子皇孙、王公大臣等向皇太后贺寿的隆重场面。

皇太后圣寿节宴

皇太后生日称圣寿节。宴日，皇太后宝座左右设皇后及以下主位座次，照例设中和韶乐、丹陛大乐。吉时至，皇太后升座，奏中和韶乐，皇后率皇贵妃等依次向皇太后行一跪一叩礼，进馔。此时，丹陛大乐奏起。乐止，承应宴戏，进果，丹陛清乐奏起。乐止，皇后向皇太后进酒。皇太后饮酒时，皇后及以下各主位再向皇太后行一跪一叩礼，继续承应宴戏。宴毕，皇后率皇贵妃等向皇太后行二福一跪一叩礼，以示谢宴，皇太后在中和韶乐的伴奏下还宫。

2017年12月5日

丁酉年十月十八　星期二

五日

2017年12月6日

丁酉年十月十九　星期三

六日

清 《心写治平图》卷之“孝贤皇后半身像”

孝贤皇后富察氏是乾隆帝的原配皇后，为雍正帝指婚于弘历。
乾隆十三年（1748）病逝于德州舟次。

皇后千秋宴

皇后生日称千秋节，其宴仪与皇太后圣寿节宴类似。宴日，皇后宝座两旁设皇贵妃位次，皇贵妃以下主位分列左右，照例设中和韶乐、丹陛大乐。待皇后在中和韶乐的伴奏下升座后，皇贵妃率贵妃及以下主位向皇后行一跪一叩礼。此时，奏丹陛大乐，乐止，进馔。再奏乐，乐止，承应宴戏，进果。皇贵妃率众人向皇后进酒，皇后饮酒时，众人向其行二福一跪一叩礼，再奏丹陛大乐。宴毕，皇后起座，皇贵妃及以下各还宫。

2017年12月7日

丁酉年十月廿日　星期四

大雪

2017年12月8日

丁酉年十月廿一　星期五

八日

清 《心写治平图》卷之“慧贤皇贵妃半身像”

慧贤皇贵妃高佳氏，配乾隆帝弘历于潜邸。
乾隆帝登极伊始，晋封贵妃，乾隆十年（1745）薨，薨逝前晋皇贵妃。

皇贵妃千秋宴

皇贵妃千秋宴，先期由宫殿监请旨在本宫设苏宴。届时，宫殿监请妃等齐集皇贵妃宫，各主位依次坐毕，进馔。此时有承应宴戏，戏毕进果。宫殿监进酒，妃率嫔及以下向皇贵妃行一叩礼，继续承应宴戏。宴毕众人再向皇贵妃行一叩礼，众人还宫。

2017年12月9日

丁酉年十月廿二　星期六

九日

2017年12月10日

丁酉年十月廿三　星期日

十日

乾清宫筵宴场景再现

乾清宫是清朝第二次举行宗室宴的场所，
同时这座宫殿也是集皇帝办公、就寝、召见等多种功能于一体的宫殿，
属于紫禁城内廷的正宫。

宗室宴

宗室宴，又称宗亲宴，清朝历史上仅举行过三次。由皇帝钦点皇子皇孙及近支王公入宴，宴上长幼列坐，行家人礼。宗室宴通常使用高桌盛馔，每二人一席，席间饮酒赋诗。乾隆十一年（1746），首次宗室宴在西苑瀛台举行。乾隆四十八年（1783），第二次宗室宴于大内乾清宫举行，“皇子、王、公等暨三四品顶戴宗室千三百有八人入宴。其因事未与宴者咸与赏，都凡二千人”。可见其规模之大。

2017年12月11日

丁酉年十月廿四　星期一

十一

2017年12月12日

丁酉年十月廿五　星期二

十二

清 《圆明园四十景图咏》之“奉三无私殿”(局部)

奉三无私殿在圆明园九州清晏，是皇帝赐宗室曲宴的场所，位于圆明园皇帝寝宫九州清晏殿的南侧。

宗室曲宴

相较于宗室宴的规模浩大，清宫一年中一般还会举办规模要小得多的宗室宴，称为宗室曲宴。一般分为两次，元旦一次，在大内乾清宫举办；上元前一日一次，在圆明园奉三无私殿举办。在乾隆时代，由于皇帝长寿，宗室曲宴的入宴者越来越多，辈分之间也相差悬殊，从最初的皇子、皇孙、诸王，到乾隆五十一年（1786）增加皇曾孙，五十四年（1789）又增加皇玄孙，实现了“五世同堂”，被传为一段佳话。

2017年12月13日

丁酉年十月廿六 星期三

十三

2017年12月14日

丁酉年十月廿七 星期四

十四

清　五彩花蝶纹攒盘

攒盘即以数件食盘相攒组合的套盘，
用以盛装不同的小菜或果点。
这套攒盘由 12 件花瓣形小盘组成，每件盘口均施金彩，
盘心各饰菊花、蜀葵、樱桃、红枣、葡萄等花果，
空白处点缀翩飞的彩蝶。

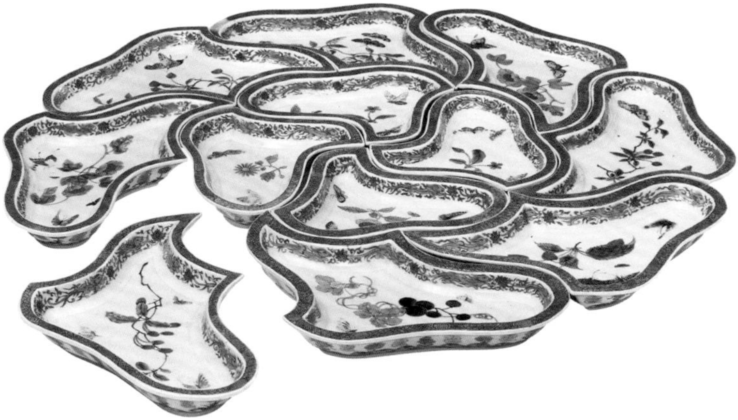

载锡破例入宴

清例，参加宗室宴的近支王公只有在成婚之后方可入宴，唯独乾隆皇帝在喜得玄孙载锡后，为了实现庆衍瓜绵的“天家盛世”，破例特允其六岁虚龄读书时即可入宴。好不容易挨到乾隆五十四年（1789），载锡刚入学，老皇帝就迫不及待地让他入宗室曲宴，跪拜如仪，实现了“五世同堂”的愿望。

2017年12月15日

丁酉年十月廿八　星期五

十五

2017年12月16日

丁酉年十月廿九　星期六

十六

清　红彩绳纹状元红酒坛

清宫用酒琳琅满目，多为各地贡入内廷。
图为保存至今的清宫旧藏浙江绍兴“德润濂记”状元红酒坛。

宗室宴福酒

嘉庆元年（1796）正月十四，太上皇弘历携嘉庆帝于圆明园奉三无私殿赐近支王公宴，嘉庆帝用他当天在南郊祈谷大祀时使用的福酒捧觞躬进太上皇。太上皇亦回赐子皇帝福酒，并吟诗曰：“福酒亲为父子斟。”

2017年12月17日

丁酉年十月卅日　星期日

十七

2017年12月18日

丁酉年冬月初一　星期一

十八

清 《崇庆皇太后八旬万寿图》帖落（局部）

乾隆帝有名号的后妃多达四十余人，在这个庞大的家庭里，逢年节、喜事，皇室内部的小规模筵宴屡见不鲜。

内廷宴（皇室家宴）

皇帝赐宴后宫，大概由于事涉天子家务，从未见《实录》记载，皇帝也从未题咏。其时间据考一般在上元节。乾隆四十八年（1783）正月十五，乾隆帝赐宴后宫，于下午开席，入宴者共 11 人，分 5 桌。东边 3 桌依次有愉妃、惇妃、十公主、循嫔、禄贵人、白常在；西边 2 桌依次为颖妃、顺妃、诚嫔、林贵人、明贵人。席间，除了向皇帝敬茶、敬酒均由内务府总管跪进外，其余基本上与宗室曲宴相同。

2017年12月19日

丁酉年冬月初二　星期二

十九

2017年12月20日

丁酉年冬月初三　星期三

廿日

清　皮胎葫芦式漆盒装组合餐具

套盒为葫芦形，一分为二，黑漆地描金龙纹，全部以牛皮压模成型。内装执壶、盘、碗、匙，共79件，均红漆地描金折枝花卉或花蝶纹。

除夕家宴皇帝大宴桌

除夕宫廷家宴是皇室一年中最重要的家庭筵宴，皇帝在后妃的陪伴下进宴，其宴桌与后妃大不同。皇帝用金龙大宴桌，两边花瓶，中间松棚果罩4座。靠中间点心高头5品，用五寸金龙座盘；一字高头5品，圆肩高头5品，用头号金龙座碗；果盒2副，苏糕鲍螺4品，用金龙小座碗；果盅8品，群膳、冷膳、热膳40品，用白里黄碗；干湿点心4品，奶饼敖尔布哈1品，奶皮1品，用五寸黄盘；小菜3品，青酱1品，用金碟。宴桌当中摆金匙、象牙筷子、纸花。

2017年12月21日

丁酉年冬月初四　星期四

廿一

2017年12月22日

丁酉年冬月初五　星期五

冬至

清 《圆明园四十景图咏》之“山高水长”

圆明园山高水长楼前空地，是清廷举行外藩蒙古王公宴的场所。
为了怀柔远人，通常会在这里安设蒙古“武帐”，所以又有“武帐宴”之称。

外藩蒙古王公宴

清朝外藩宴分为两类，一类赏赐蒙古王公，通常筵宴于保和殿、圆明园山高水长楼、西苑紫光阁等。届时“赐蒙古王等，凡就位、进茶、赐爵、行酒、乐舞、谢恩，并如元会仪（元旦大宴）”。凡遇蒙古王公进贡、送亲朝觐时，或御赐恩宴，或宴礼部，均依旨贡备。另一类为赐诸国朝贡使节宴，诸如安南、缅甸、暹罗、琉球以及荷兰国等来使入京，都要按例赐宴。乾隆时，在举行外藩宴时要准备各藩部和国家的民族乐舞，以示中外联情之意。

2017年12月23日

丁酉年冬月初六　星期六

廿三

2017年12月24日

丁酉年冬月初七　星期日

廿四

清 《崇庆皇太后万寿图》卷（局部）

清代，王公大臣没有特许，
不得进入紫禁城、圆明园、避暑山庄等地的内廷区域，
皇帝赐宴大臣一般在外廷举行。

外廷王公大臣宴

清宫每逢万寿、上元、端阳、中秋、重阳、冬至、除夕等日，皇帝在宫中赐王公大臣宴。届时，宫中陈设中和韶乐、丹陛大乐，王公大臣分两队立候殿内，待皇帝在中和韶乐的伴奏下升座后，众人行一跪三叩礼，再奏丹陛大乐。王公设椅，大臣设褥，进馔，乐止，承应宴戏，进果。中和清乐奏起，乐止，进酒人进酒，皇帝饮酒时诸臣向皇帝行一跪一叩礼，入座后继续承应宴戏。戏毕，皇帝向入宴者颁赏御赐物品，众人行一跪三叩礼谢恩，皇帝还宫。

2017年12月25日

丁酉年冬月初八　星期一

廿五

2017年12月26日

丁酉年冬月初九　星期二

廿六

清 《平定准噶尔回部战图》之“凯宴成功诸将士”

本图描绘乾隆二十五年（1760）春，西师回朝，乾隆帝在西苑紫光阁隆重赐宴凯旋将士的场面。

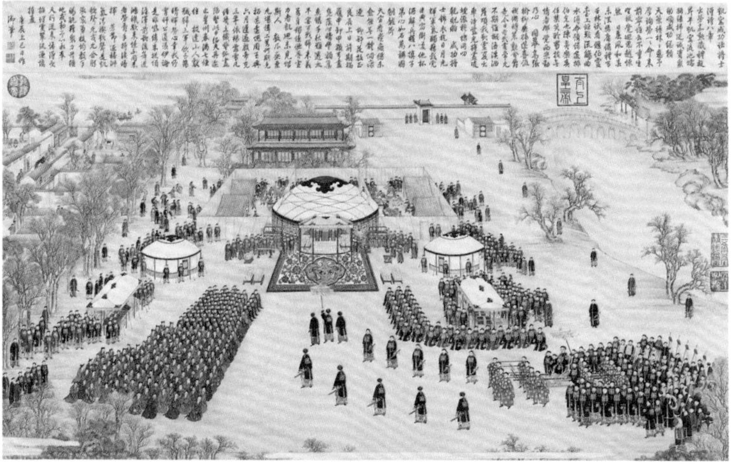

凯旋宴

清代，遇战争得胜，众将士班师凯旋，皇帝要迎劳于南郊良乡，并赐宴以示优渥。凯旋宴一般设在良乡郊劳台、西苑紫光阁、避暑山庄同乐园和圆明园正大光明殿。届时，殿外陈设乐器、笳吹、队舞、杂技等，皇帝御座设殿内正中，从征大臣将士列席右翼，王公大臣列席左翼，各按品级、爵位就坐。皇帝升座后，大将军向皇帝捧觞上寿，皇帝则赐酒以还，然后命众侍卫分赐从征大臣酒，进馔。席间，中和韶乐、丹陛清乐奏起，另有乐舞、杂技等百戏助兴。

2017年12月27日

丁酉年冬月初十　星期三

廿七

2017年12月28日

丁酉年冬月十一　星期四

廿八

皇极殿内景

皇极殿是乾隆帝为归政养老而修建的宁寿宫区正殿，模仿乾清宫。
嘉庆元年（1796）正月初四，清宫最后一次千叟宴在这里举行。

千叟宴

清朝千叟宴仅举行四次，嘉庆元年最后一次在宁寿宫皇极殿举行，由于赶上乾隆帝禅位，规模达到最大。这次与宴的70岁以上王公、百官、兵民、匠役等共3056人，并有朝鲜、暹罗、安南、廓尔喀四国使臣参加。宴上膳食极尽华美，王公大臣使用的一等桌张，设火锅2品、猪肉片2品、煺羊肉片2品、鹿尾及烧鹿肉1盘、煺羊肉乌叉1盘、螺狮盒小菜两个、肉丝汤饭1品。宴后，太上皇还有诸如如意、寿杖、貂皮等丰富的赏赐。

2017年12月29日

丁酉年冬月十二　星期五

廿九

2017年12月30日

丁酉年冬月十三　星期六

卅日

北京贡院 摄于20世纪初

北京贡院位于东长安街，始建于明永乐年间。
这里是明清两代顺天府乡试以及全国会试的考场，
皇帝赐新科进士宴在这里举行。

赐进士宴

皇帝赐新及第进士宴，亦称闻喜宴，一般在贡院举行。宴上，新科进士望阙位（皇帝宝座）而立，由太监代皇帝呼："赐卿等闻喜宴。"接下来是一连串的行酒，在礼乐的伴奏下往往要行过五巡酒。接下来是赐花仪节，花有差别，按照新进士的及第顺序赐予。待新进士将花戴好，依次向阙位行谢花礼，叩拜二次，礼毕再次入宴，再行酒四巡。宴罢第二日，行谢恩礼后，赐进士宴才算完毕。

丁酉年冬月十四　星期日

卅一

编后记

《庄子·养生主》云：“泽雉十步一啄，百步一饮，不蕲畜乎樊中。”成玄英疏：“夫泽中之雉，任于野性，饮啄自在，放旷逍遥，岂欲入樊笼而求服养！譬养生之人，萧然嘉遁，唯适情于林籁，岂企羡于荣华！”

泽雉——一只生活在泽淖的野鸡，是自然界中极卑微的存在。它的生活很艰难，为了一啄之食、一饮之水都要寻寻觅觅，走得很远。可是，它从来不愿被人畜养在笼子里，笼中美食只会令它感到味同嚼蜡，其心之所系是自由、是逍遥。

在笔者看来，泽雉是世间最可爱的动物。它质朴无华，只是藏身于芸芸众生中的平凡一员，它没有振翅间改变环境的能力，心中却拥有最闪亮的追求。它的追求带着点形而上的哲学味道，是一种不足为外人道的内心体验，是一种从容不迫的生活状态。它不羡慕华丽宽敞的住所，不贪图饭来张口的生活，坚持在泥泞中奔走谋生。十步、百步、千步、万步，它用自己的脚步丈量生命的长度，并在一饮一啄间洞见生命的厚度。

平凡如泽雉，却能够逍遥自得，这着实令我们自愧不如。

相比于泽雉，我们对环境多了抱怨，少了接纳；多了怯懦，少了挑战。我们的心灵，难免会在名利场上摇摆不定；我们的脊背，受到权力的威压而不再挺直；我们的双腿，因为路边的诱惑而迈不开步伐。身陷樊笼而不自知，不亦悲乎！

以小喻大，言简意深。庄子的这则寓言不仅具有劝世之义，还为汉语贡献了一个词汇——“饮啄”，后世文人还以此二字指代生活。清人方文“饮啄依朋友，湖山本性情”之句，即为明证。无独有偶，西谚亦云：“饮食即人生。”饮食，还是人生观、世界观的一种表达。

借用泽雉的世界观，饕餮盛宴和清粥小菜都是人生中倏忽而过的餐饮形式，或可等量齐观。唯有品尝食物的心情，才是一种切实。现代人常将人生比喻成一场修炼。修炼的客体是什么呢？想来唯此一心而已。正所谓“乐不在外而在心。心以为乐，则是境皆乐；心以为苦，则无境不苦”。可见，心境的逍遥才是真逍遥。常持此心，饮啄之间，自成逍遥。

何梧桐

2016年7月

图书在版编目（CIP）数据

故宫饮食手记·二〇一七·一饮一啄任逍遥 / 何梧桐，王飞飞编著．— 北京：故宫出版社，2016.8
（故宫手记）
ISBN 978-7-5134-0889-9

Ⅰ．①故… Ⅱ．①何… ②王… Ⅲ．①历书—中国—2017 ②故宫博物院—历史文物—北京市—图集 Ⅳ．①P195.2 ②K870.2

中国版本图书馆CIP数据核字（2016）第180264号

故宫饮食手记·二〇一七·一饮一啄任逍遥

故宫出版社　编

撰 稿 人：何梧桐　王飞飞
图片提供：故宫博物院资料信息部
出 版 人：王亚民
责任编辑：伍容萱　王志伟
助理编辑：宋　文　邓曼兰
装帧设计：王　梓　梅　子
出版发行：故宫出版社
地址：北京市东城区景山前街4号　邮编：100009
电话：010-85007808　010-85007816　传真：010-65129479
网址：www.culturefc.cn　邮箱：ggcb@culturefc.cn
制版印刷：北京方嘉彩色印刷有限责任公司
开　　本：889毫米×1194毫米　1/32
字　　数：90千字
印　　张：12.75
版　　次：2016年8月第1版
2016年8月第1次印刷
印　　数：1～10000册
书　　号：ISBN 978-7-5134-0889-9
定　　价：96.00元